THÉORIE SOCIÉTAIRE

DE

CHARLES FOURIER.

(EXTRAIT DE LA REVUE ENCYCLOPÉDIQUE.)

THÉORIE SOCIÉTAIRE

DE CHARLES FOURIER,

ou

ART D'ÉTABLIR EN TOUT PAYS DES ASSOCIATIONS DOMESTIQUES-AGRICOLES DE QUATRE A CINQ CENTS FAMILLES.

⁕

EXPOSITION SUCCINCTE,

PAR

ABEL TRANSON,

ANCIEN ÉLÈVE DE L'ÉCOLE POLYTECHNIQUE, INGÉNIEUR DES MINES.

PARIS.

AU BUREAU DU PHALANSTÈRE,

RUE JOQUELET, N° 5.

1832.

AVERTISSEMENT.

L'exposition qu'on va lire a été insérée en deux articles dans la *Revue Encyclopédique* (cahiers de février et mai--juin). Elle a donné occasion aux rédacteurs de ce recueil d'exprimer leur opinion sur quelques points de la théorie générale de M. Fourier. J'ai répondu à leurs critiques dans le journal que publie son école.

J'avais eu d'abord l'intention de produire ici mes réponses sous forme *d'avant-propos*; mais j'ai pris le parti de les supprimer, considérant que la discussion où je m'étais engagé s'écartait trop de la partie vraiment importante des découvertes de M. Fourier, l'art d'associer des réunions de quatre à cinq cent familles en travaux domestiques-agricoles. J'aime mieux ne rapporter ici de ces réponses que le passage suivant:

« Les rédacteurs de la Revue, en insérant l'exposition d'une doc-
» trine dont ils n'acceptaient pas les principes, et seulement parce qu'elle
» se rapporte au grand problème de l'association humaine, ont prouvé
» d'une manière éclatante leur respect pour la conscience publique,
» qui seule, par son adhésion ou sa réprobation éclairée, peut donner
» leur prix à tous efforts tentés dans une vue d'amélioration générale.
(Extrait du *Phalanstère* 16 août.)   Ab. Tr.

THÉORIE SOCIÉTAIRE

DE

M. CHARLES FOURIER (1).

« Nous devons nous tenir prêts à quelque grand événement dans
l'ordre des destinées générales, la révolution française n'ayant été
que le terrible et indispensable préliminaire de la révolution mé-
morable qui se prépare. » (DE MAISTRE). Cette pensée que l'illus-
tre défenseur du catholicisme a présentée sous plusieurs formes,
et qui germait dans tous les grands esprits de son époque, est à
la fin devenue presque vulgaire. Chacun sent aujourd'hui qu'au
point où en sont les choses, il faut une solution prompte et complète aux questions que l'esprit d'examen a soulevées en politique, en morale et en religion. Chacun appelle de tous ses vœux
un remède neuf et efficace aux misères générales.

On a étudié les sociétés modernes, et on a vu qu'elles ne méri-
tent pas ce nom de *sociétés*, puisque le progrès des lumières et
des richesses publiques n'y profite qu'au petit nombre, comme
en Angleterre où la misère du peuple est allée toujours croissant
avec le développement de l'industrie. On a interrogé l'histoire,
et on a reconnu qu'à aucune époque, en aucun lieu, l'homme
n'avait joui d'une complète liberté. Et ceux qui, dans ce mot

(1) *Théorie des quatre mouvemens et des destinées générales*, prospectus;
1 vol. (1808). — *Traité de l'association domestique-agricole*, 2 vol. (1822).
— *Le Nouveau Monde industriel et sociétaire*, 1 vol. (1829). — Ces ouvrages
se trouvent à Paris, chez Bossange père, rue Richelieu, n° 60, et au bureau du
Phalanstère, rue Joquelet, n° 5, derrière la Bourse.

l'homme, font une large place au peuple, au peuple qui tra-vaille, ceux-là ont appris par expérience que, pour donner à l'homme la liberté, il n'est pas suffisant de modifier ou même de renverser telle ou telle forme de pouvoir.

En même tems quelques idées nouvelles ont percé; quelques faits se sont produits. La philosophie allemande a beaucoup parlé d'*unité universelle*; on a tenté en Angleterre la fondation de quelques *sociétés coopératives*. La France a retenti d'un mot qui est à la fois une belle espérance et un grand problème : *l'association*.

Je vais rendre compte des travaux d'un homme qui écrivait en 1808 ces lignes remarquables : « C'est en vain, philosophes, » que vous auriez amoncelé des bibliothèques pour chercher le » bonheur, tant qu'on n'aurait pas extirpé la souche de tous les » malheurs sociaux, je veux dire l'INCOHÉRENCE INDUSTRIELLE, » qui est l'antipode des vues de Dieu..... Est-ce par dédain, par » inadvertance ou par crainte d'insuccès, que les savans ont né-» gligé de s'exercer sur le problème de l'ASSOCIATION? Il n'im-» porte quel a été leur motif, mais ils l'ont négligé; je suis le » premier et le seul qui s'en soit occupé : de là résulte que, si la » théorie de l'association, inconnue jusqu'à ce jour, pouvait ache-» miner à d'autres découvertes, si elle est la clef de nouvelles » sciences, elles ont dû écheoir à moi seul, puisque je suis le seul » qui ait cherché et saisi cette théorie. » (*Théorie des quatre mouvemens*, Disc. préliminaire.)

Dans ce même ouvrage (1808), M. CHARLES FOURIER fai-sait la critique la plus vigoureuse de la société, et posait des principes d'association qu'il a reproduits dans un enchaî-nement méthodique, et avec les plus grands développemens, en 1822 (*Traité de l'association domestique-agricole*), après quatorze ans de silence et de méditation. Dix années se sont écoulées depuis cette publication. Dans l'intervalle, les mêmes idées ont été présentées sous une forme abrégée (*Le Nouveau Monde industriel*, 1829). Ces divers ouvrages renferment l'ex-position d'une découverte, *le procédé sociétaire*, dont les résultats, si elle est avérée, sont de la plus haute importance, et touchent aux intérêts les plus chers de l'humanité. La vérification pratique en est facile..... et cependant les travaux de M. Fourier ont passé à peu près inaperçus. Son nom même est resté jusqu'ici presque ignoré ? — Est-ce encore une méprise qu'il faille ajouter aux méprises si nombreuses dont la société s'est rendue coupable envers le génie. Je tâcherai de mettre le lecteur en état de résoudre lui-même cette question.

Le principal ouvrage de M. Fourier est *le Traité de l'association domestique-agricole.* C'est, comme il le dit lui-même, une *Théorie de l'unité universelle.* M. Fourier a fait choix du titre le plus modeste pour ne pas effaroucher les esprits qui ont peur de la nouveauté. De plus il a voulu attirer l'attention sur la première chose à faire, qui est d'accroître rapidement les produits afin d'extirper l'indigence, ce fléau général qui pèse sur la classe inférieure. Pour cela il faut organiser avant tout les travaux les plus généraux et les plus productifs, ceux du ménage et de l'agriculture. Si la théorie d'association est trouvée, c'est la première application qu'on doive en faire. Au reste il suffit de savoir dans quels termes M. Fourier présente le problème de *l'association domestique-agricole,* pour être convaincu que la solution ne peut découler que d'une théorie très-générale, et pour comprendre que l'objet du livre est beaucoup plus vaste qu'on serait tenté de le croire sur la simple donnée du titre. Voici comme il s'exprime :

« Je vais disserter sur un sujet qui paraîtra bien dépourvu de
» rapport avec les destins ; c'est *l'association agricole.* Moi-même,
» lorsque je commençai à spéculer sur cet objet, je n'aurais ja-
» mais présumé qu'un si modeste calcul pût conduire à la théo-
» rie des destinées.... La solution de ce problème tant dédaigné
» conduisait à la solution de tous les problèmes politiques. L'on
» sait qu'il suffit quelquefois des plus petits moyens pour opérer
» les plus grandes choses : c'est avec une aiguille de métal qu'on
» maîtrise la foudre, et qu'on dirige un vaisseau à travers les

» orages et les ténèbres ; c'est avec un moyen aussi simple qu'on » peut mettre un terme à toutes les calamités sociales. » (*Théorie des quatre mouvemens*, p. 10.)

Ce qui a ouvert à M. Fourier une voie vraiment nouvelle, c'est qu'en traitant de l'association, il a opéré *à la fois sur les passions et sur l'industrie*, cherchant à faire coïncider en tous détails les intérêts individuels et les intérêts collectifs ; surtout c'est qu'il s'est proposé de créer *l'attraction industrielle*, de transformer tous les travaux en plaisirs. (*Sommaire*, p. 3.)

Avant d'aborder l'exposition méthodique du système de M. Fourier, j'insiste sur cette idée capitale de rendre le travail *attrayant*, de sorte que chacun y soit entraîné librement et *par passion*. On verra plus loin si ce résultat se trouve atteint ; mais il est bon dès le commencement de supposer un pareil problème résolu et d'en prévoir les conséquences.

Il est clair, en effet, que la solution complète de ce problème ferait évanouir les principales difficultés que présente l'association. Ce serait la plus belle conséquence d'une *théorie* et la meilleure garantie de sa *réalisation*. Ce point important obtenu, les résultats annoncés par M. Fourier, quelque merveilleux qu'ils paraissent, n'auraient rien de chimérique. Si les travaux de l'industrie sont transformés en plaisirs plus vifs que nos fêtes (et celles du peuple ne sont pas si brillantes qu'on ne puisse concevoir la possibilité de les dépasser), dès lors l'accroissement rapide de tous les produits, l'accession au travail de toutes les classes rebelles (comme oisifs, enfans, vagabonds, sauvages), l'abolition de la traite, l'affranchissement des nègres et de tous esclaves convenu de plein gré avec les maîtres, toutes ces promesses de l'auteur deviennent simples et naturelles. Je signale encore un avantage qui embrasse tous les autres, et qui fera sentir au lecteur l'intérêt que présente l'idée de M. Fourier. L'industrie étant supposée *attrayante*, l'association pourrait sans aucun risque faire *l'avance* au plus pauvre associé d'un *minimum* de logement, vêtement et nourriture. Ainsi le moins fortuné des hommes jouirait de cet avantage que la nature ne refuse point aux animaux, la tranquillité d'esprit sur son avenir. Mais aussi long-tems que l'industrie sera *répugnante*, l'ouvrier ne fera rien s'il n'est pas talonné par l'indigence (1); on ne peut donc pas dans l'état actuel lui *garantir* ce *minimum*, sans lequel cependant toute liberté est illusoire.

Je m'efforcerai de faire ressortir les moyens que M. Fourier emploie pour créer *l'attraction industrielle*; mais je dois auparavant exposer la conception générale qui lie toutes les parties de son système.

§ I. DE L'ATTRACTION PASSIONNÉE,
ou Détermination du plan de Dieu.

« L'attraction passionnée est l'impulsion donnée par la nature antérieurement à la réflexion, et persistante malgré l'opposition de la raison, du devoir, du préjugé, etc. » — M. Fourier consacre une notice particulière du *Traité d'association* à démontrer « l'excellence de l'attraction passionnée, sa » propriété *d'interprétation divine permanente*, la nécessité de la » prendre pour guide dans tout mécanisme social où l'on veut » suivre les voies de Dieu, arriver à la pratique de la *justice* et de » la *vérité* et à l'UNITÉ SOCIALE. »

La société actuelle est ainsi faite qu'on ne peut guère se laisser aller à satisfaire ses désirs sans faire tort à soi-même ou à ses semblables. Tout le monde désire la richesse par exemple; mais le plus grand nombre en est exclu. Le travail et la pratique de la vérité sont rarement des voies de fortune. Dans presque toutes les directions, c'est le mensonge et la fraude qui triomphent. Veut-on se procurer les plaisirs qu'offre la civilisation, c'est un moyen à peu près assuré de ruiner sa bourse et sa

---

(1) Il ne faudrait pas citer contre cette assertion la devise des Lyonnais : *Vivre en travaillant*. Ce n'est évidemment qu'un pis-aller de *désespérés*, puisqu'ils n'ont pas d'autre choix, si ce n'est de *Mourir en combattant*.

santé. On ne peut pas s'abandonner à une passion sans sacrifier les autres. L'amour fait tort à l'amitié, l'ambition fait oublier l'une et l'autre, etc..... — Ces observations sont triviales ;
mais, au lieu que jusqu'ici on avait considéré ces misères comme
inhérentes à la nature humaine, M. Fourier appelle tout cela un
MONDE A REBOURS. Comme il a foi dans l'INTÉGRALITÉ DE LA
PROVIDENCE, il pose en principe qu'il existe un mécanisme social approprié à la nature humaine, un mécanisme qui fera concourir l'intérêt de chacun avec la pratique de la vérité, qui ou-
vrira à tous une voie facile de richesse et de bonheur ; et cette
voie, ce sera l'obéissance de chacun aux impulsions qu'il reçoit de
la nature, à *l'attraction passionnée*.

L'attraction est la loi une et universelle de tous les mouvemens, du mouvement social aussi bien que du mouvement matériel. Si aujourd'hui l'homme ne peut pas obéir sans de graves
inconvéniens à l'attraction passionnée, ce n'est pas que l'homme
soit vicieux, c'est tout simplement que l'ordre social où il vit est
contraire à sa nature. Cette vérité paraît si frappante à M. Fourier, qu'il s'étonne qu'on ait tardé si long-tems à chercher une
issue à l'état actuel.

Poser *l'attraction passionnée* comme le principe du mouvement social est quelque chose de hardi ; car où s'arrêteront les
désirs de l'homme ? Et tout le poids qui comprime aujourd'hui
leur essor une fois enlevé, qui tiendra toutes ces passions en harmonie ? M. Fourier aborde très-franchement ces difficultés. Il
promet d'amener les passions à l'équilibre par affluence de plaisirs et non par modération raisonnée, ce qui serait la méthode
de tous les moralistes, méthode qui, d'ailleurs, n'a jamais réussi.
Aux partisans de la modération, qui prétendent que *la perfection n'est pas faite pour les hommes* : « Qu'en savent-ils ?
» pourquoi désespérer de la sagesse de Dieu avant d'avoir étu-
» dié ses vues dans le calcul de la *révélation sociale permanente*,
» ou attraction passionnée, dont on ne peut déterminer les fins
» qu'en procédant régulièrement par analyse et synthèse ? — Mais

» ce calcul semble absurde au premier abord ; il nous apprend
» que chacun voudrait des millions et un palais ; comment faire
» pour en donner à tout le monde? — Objections frivoles ! Est-ce
» là un motif d'abandonner une étude? Poursuivez-la sans vous
» effrayer ; suivez le précepte de vos philosophes, qui vous or-
» donnent *d'explorer en entier le domaine de la science* : achevez
» donc ce que Newton a commencé, le calcul de l'attraction, il
» vous apprendra que celui qui désire des millions et un palais
» désire trop peu ; car, dans l'état sociétaire, le plus pauvre des
» hommes jouira de cinq cent mille palais, où il trouvera gra-
» tuitement beaucoup plus de plaisirs que ne peut s'en procurer
» un roi de France avec trente-cinq millions de rente, etc. »

Je prie le lecteur, quel qu'il soit, de suspendre son jugement
sur de pareilles assertions, au moins jusqu'à lecture achevée de
cette simple analyse. Il suffit pour le moment de sentir combien
le principe de l'attraction passionnée, considérée comme interprète permanent de la volonté divine, est quelque chose de
profondément religieux ; et comment la découverte d'un procédé
d'association qui donnerait libre essor à l'attraction, manifesterait
hautement la sagesse et la bonté infinies de la Providence, en ne
laissant plus rien d'arbitraire dans l'organisation des sociétés.
Le législateur alors ne s'efforcerait plus de diriger l'homme par
la contrainte ; le moraliste ne ferait plus appel à la raison pour
comprimer des penchans plus forts qu'elle ; enfin le théocrate
n'aurait plus de prétexte pour étouffer la liberté humaine. Il
faut lire dans l'ouvrage de M. Fourier son admirable critique
des lois de contrainte et des préceptes de raison opposés à l'attraction. Je me borne à transcrire le tableau dans lequel il
résume toutes les propriétés de *l'attraction passionnée* considérée
comme principe du mouvement social.

« 1° *Boussole de révélation sociale permanente*, en ce que l'aiguillon de l'attraction nous stimule continuellement et par des
impulsions aussi invariables, en tous tems et en tous lieux, que
les lumières de la raison sont variables et trompeuses.

» 2° *Économie de mécanisme*, par l'emploi d'un ressort cumulant les facultés d'interprétation et d'impulsion ; ressort apte à révéler et stimuler à la fois.

» 3° *Concert affectueux du créateur avec la créature*, ou conciliation du libre arbitre de l'homme, obéissant par plaisir, avec l'autorité de Dieu, commandant le plaisir par impulsion attractionnelle.

» 4° *Combinaison de l'utile et de l'agréable*, du bénéfice et du charme, par entremise de l'attraction dans les travaux productifs où elle doit nous entraîner passionnément, comme à toute volonté de Dieu, de qui elle est l'interprète.

» 5° *Épargne des voies coërcitives*, des gibets, sbires, tribunaux, philosophes et autres rouages parasites que l'ordre civilisé et barbare fait intervenir pour le maintien de l'industrie, toujours répugnante hors des séries passionnelles.

» 6° *Récompense collective* des globes dociles, par le charme du régime attrayant ; et *punition collective* des globes rebelles sans emploi de la violence, par le seul aiguillon du désir ou martyre d'attraction, qui est châtiment *négatif* pour les globes rebelles et obstinés à vivre sous les lois des hommes.

» 7° *Ralliement de la saine raison avec la nature ;* c'est-à-dire garantie d'avénement aux richesses et aux plaisirs, qui sont vœu de la nature, par la pratique de la justice, de la vérité, qui sont vœu de la saine raison, et ne peuvent régner que par l'association.

» 8° Unité interne, ou paix de l'homme avec lui-même ; fin de l'état de guerre interne qu'organise l'état civilisé en mettant dans chacun la passion ou attraction aux prises avec la sagesse et la loi.

» 9° Unité externe, ou relations de l'homme avec Dieu et l'univers. Le monde ou univers ne communiquant avec Dieu que par entremise de l'attraction, toute créature, depuis les astres jusqu'aux insectes, n'arrivant à l'harmonie qu'en suivant les impulsions de l'attraction, il y aurait duplicité de système si l'homme devait suivre une autre voie que l'attraction pour arriver aux fins de Dieu, à l'harmonie et à l'unité. » (*Traité d'association domestique-agricole*, p. 184-185.)

Quand même on ne sentirait pas d'abord la possibilité de satisfaire à l'attraction passionnée, on admettra sans doute qu'un tel principe est supérieur à ceux qu'on a proposés dans ces derniers tems comme bases d'association. Il faut reconnaître par exemple tout ce qu'il y a de vague et d'infécond dans la définition donnée par le saint-simonisme : « L'association doit avoir » pour but l'amélioration morale, intellectuelle et physique de » la classe la plus nombreuse. » Une génération bercée au récit des grandes choses que ses pères ont accomplies pour s'affranchir de l'oppression ne voudrait pas apparemment s'associer dans le but de maintenir et de consacrer l'exploitation du peuple. Avoir cru que la définition précédente contenait virtuellement une doctrine sociale, et s'être présenté au monde, avec un si faible bagage, comme *les fondateurs d'une ère nouvelle*, c'est une hardiesse que l'enthousiasme de la foi et le désir d'être utile expliquent assez : mais c'est aussi une erreur qu'il est bon d'avouer, ne fût-ce que pour se mettre d'accord avec un homme dont toute la vie fut employée à *chercher* un remède aux misères sociales, et qui disait, en 1817 : « Il est bien passé en maxime gé- » nérale que les gouvernans doivent travailler pour le bonheur » des gouvernés ; mais un principe n'est point une science. Un » axiome aussi vague ne suffit point pour tracer les devoirs de » l'homme public ; car, quelque chose que fasse un administra- » teur, il se persuade toujours très-facilement qu'il opère dans » l'intérêt de ses administrés. Et si l'on prétendait qu'il suffit » de ce principe pour constituer la science des obligations qu'im- » pose la qualité d'homme public, autant vaudrait soutenir que » la morale est toute faite dès qu'on a établi qu'elle doit avoir pour » but le bonheur des hommes. » (SAINT-SIMON, *l'Industrie*.)

Le principe de l'amélioration de la classe la plus nombreuse ne jette aucun jour nouveau sur la question de l'association. Mais si on vient nous dire : « Voici un mécanisme social dans lequel les passions humaines, au lieu d'être comme aujourd'hui une occasion de désordre et de ruine, deviendront au contraire un puissant moyen d'harmonie pour l'ensemble, et une voie assurée de bonheur et de richesse pour les individus, » nous avons alors un point de départ bien précisé, et il ne nous reste plus, pour apprécier la valeur d'un tel langage, qu'à examiner avec attention, 1º si son auteur a fait une analyse exacte et complète des passions humaines ; 2º s'il a en effet découvert un mode d'association qui permette leur libre essor.

J'arriverai bientôt à cet examen ; mais comme on a beaucoup insisté dans ces derniers tems sur la valeur de l'*argument historique* pour étayer toute prévision d'avenir, comme on a établi avec raison qu'une théorie des destinées générales ne peut obtenir de créance qu'en rendant compte du passé, et en montrant dans le présent les germes de l'avenir qu'elle annonce, je dirai ici quelques mots sur la manière dont M. Fourier envisage le développement des sociétés humaines.

§ II. DUALITÉ D'ESSOR DU DESTIN SOCIAL.

L'humanité, ayant reçu toutes les passions qui sont nécessaires à l'association, ne peut pas échapper aux souffrances individuelles et aux calamités générales si, méconnaissant la révélation sociale permanente, l'attraction passionnée, elle s'obstine à vivre dans l'*incohérence industrielle* et dans le *morcellement familial*, qui sont diamétralement opposés au plan providentiel. Aussi, tout en admettant un progrès réel dans l'enchaînement des quatre sociétés connues (sauvagerie, patriarchat, barbarie, et civilisation), progrès caractérisé principalement par le développement des sciences et de la grande industrie, M. Fourier considère ces quatre sociétés comme les quatre phases de l'enfance humanitaire, et il les classe comme période malheureuse en *essor subversif.*

L'humanité se développe en *essor harmonique* ou en *essor subversif*, selon qu'elle s'abandonne ou qu'elle résiste à la volonté divine manifestée par l'attraction.

Cette *dualité d'essor* du mouvement social est conforme à la dualité d'essor du mouvement matériel, qui nous offre les planètes parvenues à l'état sociétaire, tandis que les comètes sont encore à l'état d'incohérence (1). L'unité de système avec dualité d'essor est, selon M. Fourier, l'une des lois principales du mouvement.

Par ces considérations M. Fourier échappe aux difficultés que rencontrent les partisans de la doctrine du *progrès absolu*. Ceux-ci, en effet, sont obligés de s'évertuer à montrer la bonté et la sagesse infinie de la providence dans les grandes catastrophes qui ont désolé le genre humain, comme guerres générales, invasion des barbares, etc. (2). M. Fourier croirait faire injure à la providence s'il lui attribuait l'emploi de pareils *moyens de progrès*. Selon lui toutes les calamités dont l'histoire a gardé le souvenir, tous les fléaux qui nous affligent encore, sont la punition (*indirecte*, car l'esprit de vengeance ne peut pas s'allier avec les notions sur la divinité) d'une créature qui résiste à sa propre

---

(1) M. Fourier considère les comètes comme des *embryons* de planètes destinés à acquérir, aussi bien que celles-ci, un mouvement *régulier* et *stable*. L'application moderne du calcul au mouvement des comètes ne contredit pas ce caractère d'*incohérence* que M. Fourier leur attribue. En effet, les plans de leurs orbites, comme le sens de leur mouvement, ne concordent pas avec la simplicité qu'on observe à cet égard dans le système planétaire. Il est vrai que la théorie newtonienne ne rend nullement compte de ces faits (coïncidence presque parfaite des orbites et direction commune de tous les mouvemens de translation et de rotation des planètes). L'hypothèse de Laplace à ce sujet n'a pas, à proprement parler, de valeur scientifique, n'étant pas étayée de la vérification *des nombres*. Cette faiblesse de la science en face d'un ordre de faits si important, et qui est bien plus en saillie que les phénomènes connus sous le nom de *lois de Kepler*, atteste un grand retard dans les progrès de l'esprit humain. Ce doit être un avertissement sérieux à tous ceux qui s'empresseraient de repousser les idées de M. Fourier sur la cosmogonie, par ce motif qu'elles sont nouvelles.

(2) C'est ce qu'on voit par exemple dans une brochure, ayant pour titre : *Cinq Discours aux élèves de l'École polytechnique sur la religion saint-simonienne* (1830).

loi, à sa loi qui lui est *incessamment révélée* par l'attraction, et qui porte cette créature à l'association et non point au morcellement. Cette explication me paraît très-belle et très-satisfaisante : elle est présentée sous une forme remarquable dans le passage suivant : « On souleverait les esprits en disant : *la providence* » *ne protège pas les pauvres ; elle veut qu'ils soient malheureux,* » *spoliés et persécutés en civilisation.* Chacun répliquerait que » j'accuse la providence d'un mal qu'il faut imputer à l'égoïsme » des riches, à l'impéritie de la législation. Il n'en est rien : » l'assertion est rigoureusement juste, grâce au dernier mot, EN » CIVILISATION ; car la providence, qui n'approuve pas l'ordre » civilisé ou travail morcelé, serait en contradiction avec elle- » même, si elle permettait que la classe pauvre, dite plébéienne, » pût arriver, par le travail morcelé, à l'aisance dont elle jouit » dans le régime sociétaire ou travail combiné, à grandes réu- » nions et grands moyens économiques. » (*Traité de l'association domestique-agricole,* Avant-Propos.)

Lorsque M. Fourier passe de ces généralités au détail, lorsqu'il analyse les caractères et les propriétés des diverses sociétés et spécialement de la civilisation, surtout lorsque, développant cette idée d'un *monde à rebours,* d'un essor des passions en *ordre subversif,* il montre dans tous les vices de l'état actuel une *récurrence* des passions comprimées, une *image renversée* des vertus de l'ordre harmonique ou sociétaire, il répand sur tout ce sujet une lumière inattendue, et se montre bien supérieur à tous ceux qui jusqu'ici avaient fait la critique de notre époque. Mais je ne m'étendrai pas sur ces matières, qui exigeraient des développemens trop étendus. Il me suffit en ce moment d'avoir fait connaître la vue d'ensemble de M. Fourier sur l'histoire.

§ III. ANALYSE PASSIONNELLE.

Les premiers biens auxquels l'homme aspire, ceux qu'il faut avant tout procurer à chacun, c'est la richesse et la santé. Si l'homme ne jouit pas de ces avantages, il ne peut se développer

sous aucun rapport. Le premier foyer de l'attraction , c'est donc le
LUXE (luxe interne ou *santé*, luxe externe ou *richesse*). L'attraction tend au luxe par cinq ressorts sensuels , auxquels le procédé
sociétaire devra donner plein essor et satisfaction. « Mais, dit
» M. Fourier , les sens ne sont point isolément des ressorts
» de sociabilité; car le plus influent des sens, le goût, *besoin de*
» *se nourrir*, pousse à l'antropophagie. » Les sens ne sont
que *renforts* de sociabilité, comme le plaisir de la table, qui rend
l'amitié plus vive et plus cordiale. Par cette simple observation ,
que les passions de l'ordre matériel ne fournissent par elles-mêmes
aucun lien social, nous voilà sauvés de toutes les difficultés où
l'on arrive quand on se contente de proclamer vaguement la *réha-*
bilitation de la matière.

Ce qui caractérise spécialement l'humanité , ce qui la distingue
surtout des espèces animales, c'est sa tendance à former des
groupes ou ligues passionnées. L'*amitié*, l'*ambition*, l'*amour*
et le *familisme* sont les véritables ressorts de sociabilité, les principes de toutes relations sociales.

Une quelconque de ces quatre passions suffit à former un
groupe. Mais dans un même groupe peuvent intervenir des
ressorts empruntés à deux ou trois de ces passions, ou même à
toutes les quatre.

M. Fourier expose les propriétés des groupes élémentaires. Le
résultat de son analyse est d'une telle importance, qu'on me saura
gré sans doute d'en citer textuellement les résumés.

« Chacun des groupes est produit par l'impulsion de deux
principes ou ressorts; l'un spirituel S, l'autre matériel M, dont
suit le tableau :

RESSORTS ÉLÉMENTAIRES DES QUATRE GROUPES.

1° Groupe d'amitié.

S.   Affinité spir. de CARACTÈRES.
M.   Affinité matér. de *penchans industriels.*

2° Groupe d'ambition.

S. Affinité spir., ligue pour la GLOIRE.
M. Affinité matér., ligue pour l'*intérêt*.

3° Groupe d'amour.

M. Affinité matér., par LE CHARME DES SENS.
S. Affinité spir., par *les liens du cœur*.

4° Groupe de famille.

M. Affinité matér., par CONSANGUINITÉ.
S. Affinité spir., par *adoption*.

Ce simple tableau nous en apprend beaucoup plus sur la pratique de la vie que bien des volumes. Premièrement, si l'un des deux ressorts manque au groupe, il est vicié. « Les groupes *simples*, à ressort isolé, dit M. Fourier, sont d'ordinaire

« Lien méprisable en dominance du matériel,
Lien de duperie en dominance du spirituel. »

On voit ensuite par la disposition des lettres S et M que le ressort spirituel tient le premier rang dans les deux groupes d'amitié et d'ambition, et que le ressort matériel domine dans les deux autres. Ceci est plus fécond et plus vrai que de chercher à unir l'esprit et la matière en leur donnant en toutes relations une importance *égale*, ainsi qu'avait fait la doctrine saint-simonienne. Il en est de même de l'*égalité* prétendue de l'homme et de la femme. M. Fourier est bien plus dans le vrai, dans la nature, lorsqu'il attribue à l'homme une influence prédominante dans les deux premiers groupes, et qu'il déclare sans hésiter la femme supérieure à l'homme dans les deux autres ordres de relations.

Je transcrirai encore deux tableaux sur la loi d'*entraînement* et sur le *ton* des groupes. « S'il s'agit de braver un péril, dans » le cas de guerre, de brigands, d'incendie, on verra les quatre » groupes soumis à des influences très-différentes. Chacun des

» groupes adopte aussi en relations internes un ton qui lui est
» propre :

L'ENTRAÎNEMENT.	LE TON.
1° Groupe d'amitié.	1° Gr. d'amitié ou de nivellement.
Tous s'entraînent en confusion.	Cordialité et confusion des rangs.
2° Groupe d'ambition.	2° Gr. d'ambition ou d'ascendance.
Les supérieurs entraînent les inférieurs.	Déférence des inférieurs aux supérieurs.
3° Groupe d'amour.	3° Gr. d'amour ou d'inversion.
Les femmes entraînent les hommes.	Déférence du sexe fort au faible.
4° Groupe de famille.	4° Gr. de famille ou de descendance.
Les inférieurs entraînent les supérieurs.	Déférence des supérieurs aux inférieurs.

Il faut bien entendre que ces propriétés ne se peuvent pas ob-
server toujours dans l'ordre actuel, où les passions sont comprimées et faussées. C'est ainsi que les parens ne peuvent pas
obéir aux lois que la nature a établies à l'égard du quatrième
groupe : ils sont naturellement portés à traiter leurs enfans
comme de petits dieux ; mais parce qu'il n'y aurait aucun contre-
poids à leur indulgence, ils sont contraints de les fouetter ou
de les sermoner ; et il arrive que Dieu n'ayant pas donné d'*attraction* aux enfans pour ces procédés d'éducation, les enfans
sont en guerre avec leurs parens.

On peut comprendre encore très-facilement par ces tableaux
dans quelles voies de despotisme serait conduite une société qui,
ne connaissant que les lois *hiérarchiques* du second groupe,
voudrait néanmoins associer toutes les passions. Si on ne connaît
que ces principes d'association, « les supérieurs entraînent les
inférieurs, » et « les inférieurs doivent déférence aux supérieurs »
(principes régulateurs des groupes d'ambition) ; et qu'on cherche
cependant à régler la famille, l'amitié, l'amour, on arrivera par
une nécessité logique à des conséquences qu'on ne pourrait réaliser qu'en détruisant toute dignité humaine et toute liberté personnelle.

(16)

Je n'ai encore parlé que des cinq passions *sensitives* et de quatre affections *animiques*, qui sont connues de tout le monde. Mais voici trois autres passions jusqu'à ce jour méconnues ou condamnées par tous les professeurs de morale, et que M. Fourier réhabilite comme étant les passions d'*harmonie* qui font concorder les passions animiques entre elles et avec les sensitives. Ces trois passions sont le ressort essentiel du *procédé sociétaire* ; elles servent à former les *séries de groupes* qui n'existent que dans l'association. Aussi ces trois passions, n'ayant pas d'emploi dans l'ordre civilisé, y sont très-nuisibles. Pour plus de rigueur, j'emprunterai textuellement les définitions de l'auteur.

La première de ces trois passions est « l'esprit de parti, fougue spéculative ; c'est la passion de l'intrigue, très-ardente chez les courtisans, les ambitieux, les commerçans, le monde galant, etc. L'esprit cabalistique mêle toujours les calculs à la passion : tout est calcul chez l'intrigant ; le moindre geste, un clin d'œil, il fait tout avec réflexion et célérité. Cette ardeur est donc une fougue réfléchie (CABALISTE). »

La seconde est « une fougue aveugle, l'opposé de la précédente : c'est un enthousiasme qui exclut la raison ; c'est l'entraînement des sens et de l'ame, état d'ivresse, d'aveuglement moral, genre de bonheur qui naît de l'assemblage des deux plaisirs, un des sens, un de l'ame. Son domaine est spécialement l'amour ; elle s'exerce de même sur les autres passions, mais avec moins d'intensité (COMPOSITE). »

La formation des barricades en juillet est un bel exemple de Composite montrant comment *par fougue aveugle* on peut faire très-rapidement et avec perfection ce qui de sang-froid exigerait beaucoup plus de tems et serait moins bien exécuté.

Supposez maintenant deux navires qui rivalisent de vitesse pour entrer au port. Les équipages apporteront à la manœuvre une précision, une habileté, une ardeur qui ne serait pas sans doute aussi grande sans l'émulation qui les anime. C'est un xemple de Cabaliste.

Le *procédé sociétaire* de M. Fourier met chacune de ces deux passions en jeu dans tous les travaux. On doit comprendre que c'est un moyen de rendre le travail infiniment plus productif qu'il ne l'est aujourd'hui. Mais il faut ménager des changemens fréquens aux travailleurs, car l'ame ne peut pas supporter pendant long-tems aucun de ces deux états violens. La rivalité deviendrait une haine, et l'enthousiasme un délire. Cette considération nous amène à la troisième des passions *distributives*.

« L'ALTERNANTE OU PAPILLONNE est le besoin de variété périodique, situations contrastées, changemens de scène, incidens piquans, nouveautés propres à créer l'illusion, à stimuler à la fois les sens et l'ame. Ce besoin se fait sentir modérément d'heure en heure, et vivement de deux en deux heures. S'il n'est pas satisfait, l'homme tombe dans la tiédeur et l'ennui. » (*Sommaire*, p. 1400.)

Tels sont, suivant M. Fourier, les ressorts essentiels de l'attraction, les 12 passions radicales dont :

5 *sensitives*, tendant au *luxe;*
4 *affectives*, tendant aux *groupes;*
3 *distributives*, tendant aux *séries de groupes.*

L'essor de ces 12 passions élémentaires produit l'UNITÉISME ou passion de l'UNITÉ, comme la réunion de toutes les couleurs produit le blanc. D'ailleurs il faut bien entendre que ces 12 passions ne sont pas les seules, mais *les principales*. Leurs combinaisons et mélanges forment un grand nombre de *passions mixtes*, comme le mélange en proportions diverses des principales couleurs du spectre solaire forme des couleurs mixtes trèsvariées.

Je viens de dire ce qui est commun à tous les hommes; mais l'association humaine c'est l'emploi harmonique des *individualités:* il importe donc de connaître ce qui distingue les individus; il faut classer les caractères. Ce qui constitue *le caractère*, c'est la dominance d'une ou de plusieurs passions. Le *titre* du caractère s'évalue par le nombre des passions dominantes, et plus ce titre est élevé, plus la destinée sociale de l'individu l'est elle-même. Ainsi ceux que M. Fourier appelle *solitones* n'ont qu'une passion en dominante. « Ces caractères sont les plus nombreux : ils varient moins que les autres dans leurs goûts; ils ont de l'aptitude aux ouvrages de longue durée; enfin, dit M. Fourier, ils sont dans l'échelle des caractères ce que sont les simples soldats dans un régiment. » Au contraire, à mesure que le titre s'élève, le caractère correspondant est d'une espèce plus rare; mais aussi il est apte à intervenir dans un plus grand nombre de fonctions.

Ici une idée très-importante dans la théorie d'association. Selon M. Fourier, la nature ne produit pas les caractères au hasard, mais en nombre fixe et déterminé selon leurs titres; de sorte que lorsque l'humanité passera de l'incohérence actuelle à l'ordre sociétaire, toutes les individualités auront leur place; et chaque caractère sera dans l'ordre universel comme une note nécessaire dans une immense harmonie. Dans les termes généraux, cette assertion n'a rien que de conforme aux idées d'unité et d'harmonie universelle. On sent même que l'association n'est possible qu'à cette condition; car il faut bien que les caractères qui correspondent à telle ou telle fonction ne soient ni en excès ni en défaut. — Mais ceci reconnu, on pensera peut-être qu'il est hasardeux d'aller plus loin et de vouloir déterminer les proportions rigoureuses dans lesquelles se produisent les divers titres de caractère avant qu'une première réalisation de l'association ait mis toutes les individualités en évidence. Aussi M. Fourier, tout en donnant ces nombres proportionnels, ne considère pas leur évaluation comme le premier point à débattre dans l'examen de son système; ce qu'il demande, c'est qu'on médite avant tout sur le *procédé sociétaire* au moyen duquel il promet de faire concourir au bien général les antipathies comme les sympathies, les discords naturels aussi bien que les accords; c'est qu'on s'applique à savoir si par son mode d'association on pourra

mettre en jeu sans danger et employer utilement les passions radicales. Alors la question des caractères se trouvera subsidiaire-
ment résolue, puisque le caractère individuel résulte du développement de quelqu'une de ces passions.

§ IV. PROCÉDÉ SOCIÉTAIRE.

Le procédé sociétaire consiste dans la formation de petites cor-
porations ou *groupes* spontanément unis par l'exercice en travail
ou en plaisir d'une même passion, et dans la réunion des groupes
d'un même genre en *séries de groupes* ordonnées suivant cer-
taines conditions ; de telle sorte que chaque série représente par
l'ensemble de ses groupes toutes les nuances d'une même passion,
ou si vous aimez mieux toutes les variétés d'un même travail ou
plaisir.

L'art d'associer consiste à connaître et à savoir installer , 1º la
distribution interne d'une série et de ses groupes et sous-groupes ;
2º sa distribution externe, ou engrenage et coopération spontanée
avec d'autres séries.

GROUPES. L'ardeur, l'enthousiasme ne pouvant naître, selon
M. Fourier, que de la satisfaction simultanée de deux passions
au moins, dont une sensuelle et une animique, il en résulte qu'aucun travail ne doit être accompli par un individu isolé. Il faut
appliquer à l'exercice de toute fonction un groupe plus ou moins
nombreux dont les membres soient tous *attirés* les uns vers les
autres par quelqu'une des quatre passions animiques, et qui de
plus éprouvent aussi de l'*attraction* pour l'occupation qui leur sera
commune. Sans doute il arrivera souvent qu'un harmonien (1)
sera entraîné à prendre parti dans un groupe sans avoir de goût
décidé pour la fonction de ce groupe et par le simple effet de
quelque affection personnelle ; ou bien au contraire l'amour d'un

---

(1) M. Fourier appelle *Harmonie* l'ordre social qui doit succéder à la Civilisation.

certain travail lui fera surmonter quelque répugnance pour les personnes. Dans l'un ou l'autre de ces cas, l'accord serait simple et imparfait, et pourtant le résultat serait encore un beau témoignage de la puissance du lien sociétaire. La condition essentielle, c'est que la composition du groupe se fasse librement ; *« c'est que tous les sectaires y soient engagés passionné-* » *ment, sans recourir aux véhicules de besoin, morale, raison,* » *devoir, contrainte, etc. »*

Une autre condition de la formation des groupes, et en même tems un de leurs plus précieux avantages, c'est la *division parcellaire du travail.* Si tous les sectaires du groupe s'appliquaient à tous les détails de la fonction, il y aurait nécessairement de nombreux conflits entre eux ; si tous étaient chargés de la tâche commune, il arriverait ce qu'on voit toujours en pareil cas, c'est que personne ne la prendrait à cœur. Enfin on sait assez combien la division du travail est une garantie de sa perfection, et sans doute cette perfection sera grande lorsque, dans tout travail d'industrie, de science ou de beaux-arts, chacun ayant choisi *selon son goût* son occupation spéciale, pourra se reposer sur des associés remplis de zèle de la confection des parties pour lesquelles il éprouve moins d'attrait.

On a vu précédemment quels sont les principes passionnels des groupes, quels sont leurs ressorts en spirituel et en matériel, enfin à quelles lois de *ton* et d'*entraînement* ils obéissent selon que telle ou telle passion y est dominante. Il y aurait encore à donner beaucoup de détails intéressans sur ce premier élément de l'association humaine ; mais je dois me borner ici à ce qui est nécessaire pour que le lecteur acquière une idée précise de la théorie de M. Fourier.

SÉRIES. *« Une série passionnée est l'affiliation de tous les* » *groupes, dont chacun exerce quelque espèce d'une passion,* » *laquelle devient passion de genre pour les individus. »*

Ainsi, pour prendre un exemple dans l'industrie, l'association des groupes qui, dans un même canton, cultiveront diverses espèces de fleurs, formera la série des fleuristes, et, pour spécialiser davantage, l'ensemble des groupes qui cultiveront les variétés diverses d'une même fleur sera une série.

La formation des séries a pour but de créer des rivalités actives entre les groupes d'espèce très-rapprochée, et des accords affectueux, des ligues corporatives, entre les groupes d'espèce éloignée.

Nous avons vu qu'entre les sectaires d'un même groupe la sympathie, l'accord, sont fondés sur l'*identité* de passion et de fonction. Entre les groupes éloignés il y aura accord, sympathie fondée sur le *contraste*. Ces deux modes passionnels sont également puissans, et doivent être tous deux employés. La valeur du *contraste*, comme ressort d'attraction, se fait bien sentir par exemple dans l'affinité naturelle qui existe entre les enfans et les vieillards, affinité bien plus grande qu'on ne l'observe entre l'âge moyen et l'un ou l'autre des deux termes extrêmes. Mais il ne suffit pas de créer ce double accord d'identité et de contraste, il faut aussi savoir faire naître l'émulation, la rivalité, qui sont toujours l'expression d'un véritable *discord*. Ces rapports s'établissent naturellement entre des fonctions dont l'importance est à peu près égale. Il faut donc que les groupes soient ordonnés par nuances tellement graduées, qu'entre deux groupes voisins les suffrages puissent se balancer. Il faut, comme dit M. Fourier, que les fonctions soient distribuées en *échelle compacte*.

Par cette organisation en série, les groupes se trouvent donc *contrastés* et *rivalisés*, ce qui multiplie les ressorts d'attraction qu'on a déjà vu être inhérens à la nature même de chaque groupe isolé. Le charme de l'ame est doublé, puisqu'à la sympathie par *identité* s'ajoute la sympathie par *contraste*. — Il y a aussi double plaisir des sens, « puisqu'au charme de perfection spé-
» ciale, ou excellence à laquelle chaque groupe élève son pro-
» duit, et à l'orgueil des louanges qu'il en reçoit, s'ajoute le
» charme de perfection collective, ou luxe d'ensemble qui règne

» dans les travaux et produits de la série entière. » Enfin l'ardeur de chaque groupe s'accroît encore, et le lien d'affection qui unit tous ses membres se resserre, par le désir de surpasser les groupes rivaux. On voit donc que l'emploi du *procédé sociétaire* donne essor aux deux premières passions distributives, à la *composite* (fougue aveugle, enthousiasme), et à la *cabaliste* (fougue réfléchie, intrigue). Pour satisfaire à la troisième, au besoin de changement, à la *papillonne*, il faut organiser tout travail comme tout plaisir EN SÉANCES COURTES ET VARIÉES.

La durée d'exercice d'une série sera généralement de une à deux heures, ne dépassant jamais ce terme que pour des travaux d'urgence, ou bien pour des travaux exceptionnels d'art ou de science, dans lesquels l'individu a besoin de la plus grande liberté. Ainsi chacun pourra, dans le cours d'une même journée, se livrer à des occupations très-variées; chacun pourra développer alternativement ses facultés spirituelles et ses facultés corporelles, sans laisser jamais au dégoût ni à l'ennui le tems de l'atteindre. La formation de travailleurs en *groupes* pour l'accomplissement d'une même fonction permet l'exercice en courtes séances, puisqu'un groupe de dix ou douze sectaires fera en une heure le travail qu'accomplit aujourd'hui dans sa journée un ouvrier isolé. La nécessité de la division parcellaire du travail dans chaque groupe se fait ici bien sentir. C'est la condition essentielle pour que chacun puisse acquérir une habileté réelle dans les fonctions très-diverses et très-nombreuses auxquelles il prendra part.

Cette idée du travail en courtes séances est bien belle et très-neuve. C'est le remède à la plupart des maux qui pèsent sur le peuple; c'est vraiment l'affranchissement des travailleurs.

En méditant sur les progrès de l'humanité, nous la glorifions souvent d'avoir échappé à l'antique institution des castes. Mais en laissant de côté le petit nombre de ceux qui jouissent des bienfaits de l'éducation et d'une position privilégiée, à ne considérer enfin que la masse du peuple, sommes-nous donc si loin de cette organisation des sociétés primitives, qu'elle ait cessé tout-à-fait de peser sur nous. Une même famille n'est plus dans la suite éternelle de ses générations attachée à une même profession ; mais la chaîne, voyez-vous, a été brisée seulement aux anneaux qui unissaient deux générations successives. Elle demeure entière dans tout l'intervalle qui sépare la naissance et la mort. Elle y tient l'homme immobile. Chaque homme est attaché pour toute sa vie à une même profession, à un même métier ; condition abrutissante qui fait de la plus noble créature une machine à pétrir le pain, à battre le beurre ou à faire des têtes d'épingle.

Qui fait le charme des professions qu'on appelle justement libérales, n'est-ce pas que, par opposition aux professions mécaniques, elles permettent et favorisent le développement simultané de toutes les facultés ? Un peintre, par exemple, peut très-bien et très-utilement s'occuper de statuaire, d'architecture, de musique ; il peut consacrer une partie de son tems aux sciences, à la littérature ; tout cela même est la condition pour que son génie s'élève, pour que son inspiration s'avive et ne s'égare pas. Mais si vous renfermez l'artiste du matin jusqu'au soir dans vos ateliers d'arts mécaniques, comment n'éteindrez-vous pas son génie : et pourtant cet orfévre était peut-être un Benvenuto Cellini, cet horloger un Breguet, cet ajusteur un Watt.

Le travail en courtes séances donne enfin une issue à ce cercle vicieux dont les économistes modernes ne peuvent pas sortir. Aujourd'hui le progrès de l'industrie exige la division du travail ; mais comme la division du travail spécialise de plus en plus l'emploi de l'ouvrier, elle le conduit à l'abrutissement : de sorte que le progrès de l'industrie devient incompatible avec celui de l'industriel. — J'insiste sur cette expression de *cercle vicieux* par laquelle M. Fourier caractérise tous les progrès de la Civilisation ; c'est qu'en effet dans la plupart des cas, ainsi que dans l'exemple précédent, la Civilisation fait inévitablement tourner au détriment des masses les plus heureuses découvertes. La Civilisation , dit-il , crée les élémens de bonheur, mais non pas le bonheur.

Les courtes séances n'ont pas seulement l'avantage d'assurer le développement intégral des facultés individuelles ; elles multiplient les rapports affectueux de tous les associés, puisque la composition des groupes nombreux auxquels un même individu prendra part sera très-diverse. Elles détruisent en un mot tout ce qu'il y aurait d'exclusif dans les intérêts corporatifs. La plus grande difficulté du problème de l'association, la répartition proportionnelle des bénéfices , ou rétribution à chacun selon ses œuvres avec garantie de satisfaire tous les fonctionnaires, se trouve ainsi résolue. Si les séries n'étaient pas *engrenées* les unes dans les autres, si toutes les affections et tous les intérêts de l'associé se rapportaient à un seul ordre de travaux , chacun voudrait faire prédominer sa corporation : de là naîtraient des conflits sans nombre, et l'équilibre serait détruit. Je reviendrai plus tard sur cet important problème de la répartition proportionnelle. Il me suffit pour le moment d'avoir fait sentir l'importance du *procédé sociétaire,* qui consiste dans l'emploi des séries contrastées , rivalisées et engrenées. Ces trois propriétés des séries sont également essentielles au mécanisme de l'association : elles exigent la distribution des fonctions *en échelle compacte*, la *division parcellaire du travail,* et l'*exercice en courtes séances.*

Par ce qui précède il me semble que le lecteur doit commencer à sentir que la promesse d'utiliser les passions, de donner un libre essor à l'attraction passionnée, que cette promesse, dis-je, n'est point quelque chose de hasardé dans la bouche de M. Fourier; car l'emploi des séries met en jeu les trois passions distributives (ou neutres), et celles-ci, selon leur nature même, ne se manifestent que par le développement des passions animiques (ou actives) et sensitives (ou passives). Pour ce qui est de la transformation des travaux en plaisirs, par le passage de notre industrie morcelée et répugnante à l'industrie sociétaire et attrayante, nous aurons à exposer beaucoup de moyens secondaires très-efficaces d'assurer cet important résultat : mais on peut reconnaître déjà que la solution de ce problème est donnée en examinant le tableau suivant, que j'emprunte à M. Fourier, et qui résume par rapport à l'industrie tout ce qu'on vient de lire :

L'INDUSTRIE SOCIÉTAIRE *opère*,	L'INDUSTRIE MORCELÉE *opère*,
1° Par les plus grandes réunions possibles dans chaque fonction.	1° Par les plus petites réunions en travaux de culture et ménage.
2° Par séances de la plus courte durée, et de la plus grande variété.	2° Par séances de la plus longue durée et de la plus grande monotonie.
3° Par subdivision la plus détaillée, affectant un groupe de sectaires à chaque nuance de fonctions.	3° Par complication la plus grande, affectant à un seul individu toutes les nuances d'une fonction.
— *Par l'attraction, le charme.*	— *Par la contrainte, le besoin.*

Une propriété des séries non moins précieuse que toutes celles qu'on a pu entrevoir, et sur laquelle je dois appeler dès à présent toute l'attention du lecteur, c'est qu'embrassant dans un même mécanisme les plaisirs de la consommation avec les travaux de la production, elles feront perdre immédiatement à la consommation simple le caractère purement improductif qu'on lui attribue avec raison dans nos sociétés modernes. Ceci est capital. Il ne s'agit pas de faire aller, comme on dit, le commerce et l'industrie *par le luxe des riches*. Entendez ici que plus l'association entière sera raffinée dans ses goûts, dans ses plaisirs, plus la production sera activée et puissante. On a vu, en effet, que pour produire le charme industriel, une des premières conditions à remplir est de partager toute culture, toute production en échelle de nuances très-rapprochées. « C'est, comme on a vu,
» le moyen sûr de donner un essor actif à la cabaliste, d'élever
» chaque produit à une haute perfection, d'exciter une ardeur
» extrême dans les travaux, une grande intimité parmi les
» sociétaires de chaque groupe. Mais on manquerait ce brillant

» résultat si on n'excitait pas le raffinement des goûts parmi
» les consommateurs comme parmi les producteurs....... Dans
» ce cas, la perfection générale des cultures tomberait faute d'ap-
» préciateurs, l'esprit cabalistique perdrait son activité parmi
» les groupes de producteurs et préparateurs, etc...... Pour
» obvier à ce désordre, l'état sociétaire élèvera les enfans à l'es-
» prit cabalistique en trois emplois, en consommation, en prépa-
» ration et en production. Il les habituera dès le bas âge à déve-
» lopper et à motiver leurs goûts sur chaque mets, chaque saveur
» et chaque sorte d'accommodage..... Cette variété de goûts,
» qui serait très-ruineuse en Civilisation, devient économique et
» productive en association ; elle y procure le double avantage,
» 1º d'exciter l'attraction industrielle, 2º de faire produire et
» consommer par séries..... » (*Nouveau Monde*, p. 85.)

Ainsi, dans la théorie de M. Fourier, le bien-être du peuple
n'est pas seulement le résultat de l'association, c'en est la condition première ; il ne peut associer les hommes qu'en leur procu-
rant la richesse et le bonheur.

Encore un mot sur l'emploi des séries. M. Fourier insiste souvent sur ce que ce procédé d'association n'a rien d'arbitraire.
C'est le ralliement de l'humanité à la nature, puisque dans la
nature tous les êtres d'un même genre sont ordonnés en séries
graduées et contrastées. La gamme musicale offre une échelle de
sons ainsi disposée qu'il y a dissonnance entre les sons les plus
voisins et accord entre les sons placés à certains intervalles.
L'analyse de la lumière offre une échelle de nuances graduées. Enfin le classement par séries de genre, d'espèce et
de variétés, est la méthode uniforme des naturalistes. A la
vérité, les savans manquent de règle pour ce classement, pour
cette formation des séries. Ainsi, par exemple, un physicien cé-
lèbre a donné une classification remarquable des corps élémentaires de la chimie ; mais cette classification ne se rattache
pas par une analogie rigoureuse aux autres classifications naturelles. M. Fourier pose *l'analogie universelle* comme principe

absolu ; mais, selon lui, le premier *mouvement* à étudier c'est le *mouvement social*. Aussitôt, en effet, que l'humanité sera organisée selon les vues providentielles, *aussitôt qu'elle sera entrée en harmonie*, le mécanisme de l'association humaine deviendra un miroir fidèle du mécanisme universel. La *théorie de l'association*, considérée du point de vue philosophique, est donc la science suprême ouvrant la route à toutes les autres. Lorsqu'on connaîtra bien les *combinaisons* de tous les groupes élémentaires de l'association humaine, leurs *harmonies*, leurs *nombres*, on saura se rendre compte, dans tout ordre de phénomènes, des *combinaisons*, des *harmonies* et des *nombres*. Alors la science, aussi bien que l'industrie, aura perdu son caractère *répugnant*. Elle sera pleine de charmes et d'attraits pour les personnes qui, dans l'état actuel, paraissent y avoir le moins d'aptitude, comme les femmes et les enfans, parce qu'on saura voir dans tous les produits de la création les images symboliques de la vie et de toutes les passions humaines. Alors enfin s'élevera ce majestueux édifice de la science, cette *encyclopédie organique* pour laquelle la fameuse devise, *tantùm series juncturaque pollet*, ne sera point une amère dérision.

C'est ainsi que M. Fourier envisage la question scientifique. Le titre de sa première publication (1808) indique assez la hauteur de ses prétentions à cet égard. Comme il annonce la théorie du mouvement social, il promet aussi la théorie des autres mouvemens (comme le *matériel* ou planétaire ; c'est-à-dire la distribution des satellites, l'ordre et le nombre des planètes, etc. ; l'*organique*, ou lois de distribution des organes aux végétaux et animaux ; et l'*instinctuel*, ou lois de distribution des instincts et passions). L'ouvrage de 1822 donne sur tous ces sujets de brillans aperçus ; malheureusement M. Fourier n'ayant pas fait connaître ses règles d'analogie, on ne peut pas apprécier la valeur de tous ses résultats. Ce qui paraît au moins bien établi et mis hors de doute, c'est la vérité de ce que j'ai dit tout à l'heure, que pour lui le procédé sociétaire, l'em ploi de la série n'a rien d'arbitraire. Ce n'est pas un simple produit de l'imagination ; c'est une véritable découverte.

J'ai cherché dans ce premier article à donner un aperçu des élémens de la science sociale de M. Fourier. Je m'appliquerai dans le suivant à en présenter les principales applications. Qu'on me permette, en attendant, d'ajouter sur ce qui précède quelques réflexions que je crois utiles.

Le principal ouvrage de M. Fourier (*le Traité de l'Association domestique-agricole*) est distribué d'après une méthode tout-à-fait inusitée, puisque cette méthode est elle-même une application de la découverte, un exemple de l'ordonnance par séries. Cette circonstance, jointe à l'abondance et à la variété vraiment prodigieuse des détails pratiques, en rend l'étude assez difficile, et, dans une première lecture, fait souvent perdre de vue l'enchaînement des idées et l'unité du système. Il est impossible pourtant, aussitôt qu'on se livre à un examen sérieux de cette théorie, de n'y pas reconnaître un ordre vraiment logique et rigoureux.

Puisque, dans toute investigation, il est admis en principe qu'on doit aller du simple au composé, n'est-il pas évident qu'après avoir proclamé l'attraction passionnée comme la révélation permanente des destinées sociales et individuelles, qu'après avoir ainsi complétement renouvelé la base de la morale, de la politique et de la religion, la première chose à faire dans la science qui a pour objet d'associer les hommes, c'était de dévoiler la nature de l'individu, d'analyser les passions, et surtout de déterminer avec soin la coordination qui doit subsister entre elles, de peur que, dans le libre essor qui leur sera donné, celles qui caractérisent particulièrement l'*humanité* ne soient subalternisées par celles qui lui sont communes avec l'*animalité*.

Après ce premier pas ne fallait-il pas étudier les propriétés et les lois de formation des premiers élémens de l'association, c'est-à-dire des groupes que tendent à former les passions animiques ? puis apprendre à combiner, à coordonner ces premiers élémens, pour former les séries ou élémens du second ordre?

Et comme une série embrasse tous les travaux ou plaisirs d'un même genre; comme, par la nature de sa formation, surtout par le travail en courtes séances, elle est susceptible d'*engrenage* avec toute autre série; c'est là l'élément intégral au moyen duquel on pourra former le premier degré d'association, l'association domestique, le ménage sociétaire, ou pour employer une autre expression de M. Fourier, *la phalange*.

Et lorsque toutes les conditions de formation du ménage sociétaire auront été établies, lorsqu'on aura indiqué le nombre d'individus dont il doit se composer, la superficie de terrain qu'il doit occuper, la forme de son habitation, et tout le mécanisme de ses fonctions de production, de distribution, de consommation; on passera à l'association des ménages sociétaires ou phalanges d'un même canton, et on s'élevera ainsi progressivement jusqu'à l'association politique la plus composée, jusqu'à l'organisation unitaire de tout le globe.

Telle est la marche que M. Fourier a suivie: c'est assurément la plus naturelle, et la seule qui puisse conduire à la vérité. On sent que cette marche ne laissera rien d'arbitraire dans l'attribution du pouvoir et dans la formation de la hiérarchie sociale, puisque chaque sphère d'association se trouvera déterminée par la condition de renfermer toutes les sphères d'un degré inférieur. Si au contraire on voulait définir d'abord, et *à priori*, la nature, les formes, les limites du pouvoir, et toutes les lois de l'association politique, pour descendre ensuite successivement par tous les degrés de l'échelle sociale jusqu'à l'association domestique, jusqu'à l'individu, il est plus que probable qu'au lieu d'une doctrine d'association on n'édifierait qu'une doctrine de despotisme et d'exploitation.

L'association domestique, ou le ménage, et *l'association politique générale,* tels sont les deux termes extrêmes que présente ce grand problème de l'association humaine dont la solution était l'œuvre réservée au dix-neuvième siècle. — Par lequel des deux termes fallait-il aborder le problème? Il semble que la simple logique et toutes les analogies indiquaient l'association domestique comme le véritable point de départ; et cependant tous ceux qui, dans ces derniers tems, ont proposé quelque nouveau système social paraissent avoir suivi la voie contraire (1). Ceux même qui ont senti et proclamé le vide et l'impuissance des théories politiques proposées depuis un demi-siècle; ceux qui reconnaissent, par exemple, la nécessité de substituer des doctrines d'ordre et d'harmonie aux doctrines d'antagonisme, n'ont pas abandonné la méthode des publicistes qui furent leurs devanciers. Ils s'attachent toujours aux sommités sociales, au lieu de considérer la base de l'édifice. Tous ou presque tous s'occupent beaucoup plus de la constitution à donner aux empires que de voir par exemple si la constitution actuelle du ménage, c'est-à-dire l'isolement de la simple famille et le morcellement de son industrie, doivent subsister.

Sans doute cette préoccupation des meilleurs esprits s'explique par les agitations politiques où nous avons vécu.

Il faut convenir aussi qu'en commençant, ainsi que M. Fourier, par *le ménage*, on trouve dès l'entrée des questions d'un ordre qui paraît trivial à plusieurs. Mais ceux qui ont senti que le premier secours à porter au peuple est de le vêtir, de le nourrir et de le loger plus sainement et plus commodément; ceux-là n'oublieront pas que la plus haute faculté du génie est de passer facilement des plus grandes généralités aux plus minces détails.

---

(1) Il faut en excepter Owen en Angleterre, qui a le mérite d'avoir le premier tenté la réalisation *pratique* de l'association par la formation des sociétés industrielles coopératives. Mais il n'avait véritablement pas une *nouvelle théorie sociale*.

DEUXIÈME ARTICLE. — APPLICATION DE LA THÉORIE.

J'ai insisté, en terminant le précédent article, sur la nécessité d'aborder le problème de l'association humaine par son terme le plus simple, la constitution du ménage, persuadé que toute autre voie serait à la fois antilogique et funeste à la liberté. D'ailleurs M. Fourier a très-bien senti qu'une fois la destinée de l'humanité nettement définie, on pouvait y marcher non-seulement par la réalisation d'une association modèle qui serait une épreuve et une garantie de la découverte, mais qu'on aurait pu s'y acheminer lentement et par degrés, en provoquant des mesures d'administration et de politique générale propres à transformer successivement et sans secousses les institutions de la société actuelle (1). Sous ce rapport, c'est-à-dire en fait de moyens transitoires, la théorie de M. Fourier n'est ni moins précise ni moins féconde que relativement aux vues d'organisation définitive. Mais M. Fourier considère avec raison, comme une preuve de la supériorité de sa THÉORIE D'UNITÉ UNIVERSELLE, la possibilité d'une *épreuve locale*. M. Fourier se croit un plus grand réformateur que tous ceux qui ont jamais pris ce nom ; il croit que l'adoption de ses idées changera très-

---

(1) M. Fourier termine le premier volume du Traité d'association, par une notice dont il explique ainsi l'objet : « Lorsque j'ai donné dans le cours de ce volume des aperçus du bonheur de l'association, chacun a été fondé à me répondre que, d'après les habitudes de la civilisation, on n'a pu songer à de pareilles spéculations ; qu'on a dû placer l'esprit libéral dans les mesures les plus utiles à la masse d'un peuple organisé en ménages isolés, en morcellement agricole, tel qu'on l'a vu jusqu'à présent.

» Je vais partir de cette base, et spéculer sur des ménages non associés, examiner les ressources que ce régime incohérent pouvait fournir aux vrais libéraux. » (T. I, p. 542.)

rapidement la face du globe : mais enfin il ne demande pas qu'on s'en rapporte à lui *sur sa parole*. Sa découverte est étayée de preuves extrêmement nombreuses et très-détaillées (1); et sa doctrine n'a pas besoin, pour être vérifiée, d'avoir fait la conquête d'un empire ou même d'une province. Il suffit de l'appliquer à la fondation d'un *canton d'essai* (d'une lieue carrée environ), qui serait cultivé par un *ménage sociétaire* ou *phalange industrielle*, de seize à dix-huit cents personnes.

Le mécanisme sociétaire de M. Fourier a des propriétés si saillantes, si opposées à tout ce qui est connu (attraction in-

---

(1) M. Fourier a publié, en 1831, contre les sectateurs d'Owen et contre les saint-simoniens une brochure dans laquelle il avait le tort de refuser la bonne foi et la bonne intention à des tentatives d'association qui, sans doute n'étaient pas étayées d'une véritable doctrine, ainsi que la suite l'a bien fait voir, mais qui au moins auront eu pour résultat de préparer les esprits à la solution du problème social. Dans cette brochure, on trouve un tableau des conditions à remplir pour réaliser l'association, tableau qui suffirait pour montrer que M. Fourier a entendu cette question bien plus largement que personne ; peut-être même qu'on comprendra à la simple lecture de ce tableau, beaucoup mieux que par tout ce que je pourrais dire, qu'il y a ici quelque chose de vraiment neuf, une science réelle, une découverte de la plus grande importance, et qui mérite un examen consciencieux ; c'est ce qui me décide à le transcrire.

CONDITIONS DE L'INDUSTRIE SOCIÉTAIRE.

1. Mécanisme d'attraction industrielle, répandant le charme et l'enthousiasme dans les cultures et dans les ateliers.

2. Procédés en opposition à nos méthodes, comme l'exercice en séances courtes, variées, intriguées, etc.

3. Répartition satisfaisante à chacun, avec dividendes alloués distinctement aux trois facultés, capital, travail et talent.

4. Agrégation la plus nombreuse, évitant les deux excès, l'encombrement et les lacunes de travailleurs. *Détermination motivée du nombre convenable dont il faut se rapprocher.*

5. Garantie à chacun de plusieurs travaux à option, et non d'un seul sans convenance pour l'ouvrier.

6. Application aux trois classes actives, dites sauvages, riches oisifs et enfans. Garantie de leur adhésion spontanée.

dustrielle, emploi utile de tous caractères , fusion des classes extrêmes , équilibre *passionné* en répartition des bénéfices, etc.), que sa réalisation dans le canton d'essai serait en effet la voie la plus prompte pour convaincre les masses des avantages de l'association. D'ailleurs une pareille tentative , une exploitation agricole, ne saurait blesser aucun intérêt ni porter ombrage à personne. Le pis-aller de l'entreprise serait encore un bénéfice considérable pour les fondateurs dont les capitaux auront été employés à une œuvre qui, par simple bénéfice d'économie, sera éminemment productive. En cas de réussite , *ne fût-elle que par-*

---

7. Faculté d'expérience locale et suffisance d'un seul essai pour opérer l'émulation générale.

8. Mécanisme des discords , des répugnances , des antipathies et des inégalités utilisées par concours indirect.

9. Libre essor des passions , caractères et instincts , et contrepoids aux excès, par l'affluence des plaisirs.

10. Concours des deux intérêts collectif et individuel, toujours opposés en Civilisation.

11. Mécanisme de participation échelonnée , élevant les moyens de jouissance en raison des inégalités de goût.

12. Garantie de vérité en toutes relations individuelles et de fortune par la pratique de la justice et de la vérité.

13. Avance d'un minimum décent, remboursable sur les produits de l'industrie attrayante.

14. Éducation unitaire , libre, *sollicitée par les élèves*, réciproquement attrayante (c'est-à-dire pour les maîtres ainsi que pour les élèves) et fournie à toutes les classes.

15. Concours du mécanisme sociétaire avec la restauration climatérique et les garanties sanitaires (extirpation des pestes , virus, etc.).

16. PIS ALLER d'énorme bénéfice pour les fondateurs.

17. *Équilibre de population sans voie coercitive.* (Malthus a reproché à nos économistes leur impéritie sur ce problème.)

18. Garantie d'établissement des unités d'action en langage, poids et mesures, monnaies, alphabet, typographie , etc.

Tel est le terrain sur lequel M. Fourier appelle la saine critique pour y discuter sa propre théorie et toutes celles qu'on pourrait proposer sur l'association.

tielle, les fondateurs auront la gloire d'avoir accompli la plus belle œuvre sociale ; ils auront constaté le moyen d'extirper la misère générale et détruit tout d'un coup toute chance de révolution violente.

Ces considérations sont puissantes : M. Fourier les reproduit sous toutes les formes ; et persuadé que c'est par la réalisation d'une association modèle que doit commencer le mouvement général qu'il prévoit, il a donné dans ses livres jusqu'au détail d'estimation des dépenses en préparatifs, constructions, achats, etc. Pour les mêmes motifs , je vais m'appliquer principalement à faire connaître l'organisation et le mécanisme du ménage sociétaire.

LE MÉNAGE SOCIÉTAIRE.

M. Fourier explique d'abord *les dispositions matérielles* qui procureront à tous la richesse et la santé. Il faut, avant tout, satisfaire au premier besoin de l'attraction, créer le LUXE COMPOSÉ (*interne* et *externe*), c'est-à-dire que celui qui veut associer doit savoir premièrement loger les hommes , les nourrir, les vêtir , etc....... ceci est la marche naturelle. A la vérité, c'est surtout dans l'essor et l'harmonie des passions que brilleront les merveilles de l'association; c'est par là que l'humanité constatera la supériorité de sa nature, et c'est bien là aussi que M. Fourier a vu le but qu'il devait atteindre. « Notre objet » principal dans cet ouvrage, c'est, dit-il, l'équilibre passion-» nel...... Jusqu'à présent les curieux n'ont pu admirer dans les » ouvrages de l'homme que du beau matériel. Pour la première » fois , ils pourront voir le beau passionnel, dire qu'ils ont vu » Dieu en personne et dans toute sa sagesse ; car qu'est-ce » que l'esprit, la sagesse de Dieu, sinon l'harmonie des pas-» sions, leur développement complet sans aucun conflit et en » accord aussi parfait que celui d'un excellent orchestre ! Ce bel » œuvre est le seul qui puisse donner aux humains une idée de

» la gloire et de la sagesse de Dieu. Nous connaissons jusqu'à
» présent sa sagesse matérielle, qui éclate dans l'harmonie des
» sphères célestes et dans la mécanique des objets créés ; mais
» nous n'avons aucune idée de sa sagesse politique et so-
» ciale, etc. » (*Traité de l'assoc. dom. et agr.*, tom. II.)

Cette simple citation suffira-t-elle à faire revenir de leurs pré-
ventions ceux qui, jugeant tranchément un livre sur son titre, ne
veulent pas croire que celui de M. Fourier puisse renfermer
autre chose que *quelques procédés ingénieux* d'organisation industrielle. Quoi qu'il en soit, pour se rallier à l'ordre même
de la nature, il faut placer d'abord l'humanité dans les conditions les plus favorables à l'existence physique. Occupons-nous
en premier lieu de son habitation.

Le Phalanstère. Le ménage sociétaire, *phalange industrielle*
de seize à dix-huit cents personnes, cultivant environ une lieue
carrée en superficie, occupe un édifice dont la construction
n'est point arbitraire ; « car il est pour les édifices des méthodes
adaptées à chaque période sociale…. Les logemens, plantations,
étables d'une société qui opère par séries de groupes, doivent
différer prodigieusement de nos villages ou bourgs affectés à des
familles qui n'ont aucune relation sociétaire, et qui opèrent
contradictoirement. »

Il serait difficile dans une simple analyse de donner une idée
complète de la distribution du phalanstère. Ce que cette distribution présente de plus frappant et de plus original, c'est l'établissement d'une rue-galerie, chauffée ou rafraîchie selon la
différence des climats et des saisons. Le sol de cette rue
couverte est au niveau du premier étage. De chaque côté
sont des corps de logis à trois étages, prenant jour d'une part
sur la galerie, et de l'autre sur la campagne, ou sur des cours
intérieures, garnies de plantations agréables.

Chacun a son logement particulier proportionné à sa fortune ;
mais tous les travaux, tant de l'intérieur que de l'extérieur,
s'exerçant par groupes et séries de groupes, l'édifice renferme
un grand nombre de salles publiques dites *séristères*.

«Le centre du phalanstère est affecté aux fonctions paisibles, aux salles de repas, de bourse, de conseil, de bibliothèque, d'études, etc. Dans ce centre sont placés le temple, la tour d'ordre, le télégraphe, les pigeons de correspondance, le carillon de cérémonie, l'observatoire, etc.

» L'une des ailes réunit tous les ateliers bruyans, comme charpente, forge, travail au marteau ; elle contient aussi tous les rassemblemens industriels d'enfans, qui sont communément très-bruyans en industrie et même en musique. Par cette simple disposition on évite un fâcheux inconvénient des villes *civilisées*, où l'on voit à chaque rue quelque ouvrier au marteau, quelque marchand de fer ou apprenti de clarinette, briser le tympan de cinquante familles du voisinage.

» L'autre aile contient le caravanserai avec salles de bal, salles de réception des étrangers, etc.

» Tous les enfans, riches ou pauvres, logent à l'entresol, pour jouir du service des gardes de nuit, et parce qu'ils doivent dans beaucoup de relations être séparés des adultes. Les patriarches logent au rez-de-chaussée. »

«Les salles de réunions ne ressemblent en rien à nos salles publiques où les relations s'opèrent confusément, sans graduation. Un bal, un repas ne forment chez nous qu'une assemblée sans subdivisions : l'état sociétaire n'admet pas ce désordre ; une série a toujours trois, quatre, cinq divisions qui occupent autant de salles contiguës : chaque séristère a des pièces et cabinets adhérens à ses salles pour les groupes et comités de chaque division, etc... »—Ce détail est beaucoup plus important qu'on pourrait le croire au premier abord. Il en résulte que non-seulement on n'est réuni en série pour tout exercice de travail, ou plaisir, repas, etc., qu'avec une compagnie de son choix, mais que là même on peut circonscrire encore autant qu'on veut ses relations. Vous voyez donc que déjà, c'est-à-dire sous ce premier rapport des dispositions matérielles, l'ordre sociétaire respecte au milieu de *l'association* les droits les plus précieux de l'*individu*. Ici les plaisirs de l'intimité ne sont jamais compromis par les inconvéniens de la cohue, non plus qu'étouffés par la monotonie de la règle. Ici, chacun est libre ; chacun dans toute espèce de relations se fait à lui-même sa propre sphère. On est toujours *passionnément* attiré à prendre part aux travaux et aux plaisirs de quelque groupe : mais enfin, s'il vous plaît aujourd'hui de rester seul et de dîner chez vous, nul n'y trouvera rien à reprendre. La vie du *phalanstère* est de tout point opposée à celle du *monastère :* et il le faut bien, l'humanité ayant une aversion décidée pour les couvens.

Descendons maintenant ces grands escaliers. Nous voici dans le *porche fermé.* « Ceci est un précieux agrément, dont LES ROIS même sont dépourvus en civilisation ; en entrant dans leur palais, on est exposé à la pluie, au froid ; en entrant dans la phalange, la moindre voiture passe des porches couverts aux porches fermés, et chauffés ainsi que les vestibules et escaliers...»

» Un harmonien des plus misérables monte en voiture dans un porche bien chauffé et fermé ; il communique du palais aux étables par des souterrains parés et sablés ; il va de son logement aux salles publiques et aux ateliers par des rues-galeries, qui sont chauffées en hiver et ventilées en été. On peut en harmonie parcourir en janvier les ateliers, étables, magasins, salles de bal, de réfectoire, d'assemblée, etc., sans savoir s'il pleut ou vente, s'il fait chaud ou froid ; et les détails que je donne à ce sujet, continue M. Fourier, m'autorisent à dire que si les civilisés en trois mille ans d'étude n'ont pas encore appris à se loger, il est peu surprenant qu'ils n'aient pas encore appris à diriger et harmoniser leurs passions. Quand on manque les plus petits calculs en matériel, on peut bien manquer les grands calculs en passionnel. »

A peine avons-nous entrevu quelqu'une des plus simples merveilles du NOUVEAU MONDE, et je crains bien que mon lecteur s'effarouche et hoche déjà la tête en signe d'incrédulité ; surtout s'il est du nombre de ces honnêtes personnes qui crient à l'utopie aussitôt qu'on annonce quelque chose de neuf et qu'on veut sortir du cercle des choses usuelles. Quelle utopie plus grande en effet! il ne s'agit pas moins que de supprimer immédiatement toute cause de rhumes, catharres, fluxions de poitrine, etc...; il s'agit de faire que l'humanité soit *naturellement* exempte de maladies, et que sous le rapport hygiénique au moins nous ne soyons pas au-dessous des animaux. Certes, voilà un projet bien hardi, vu l'état où nous sommes.

—Mais ce phalanstère, c'est donc un palais!

— Oui, vous dis-je, un véritable palais. Mais si ce palais, pour contenir trois ou quatre cents familles, est plus économique que les trois ou quatre cents maisons qui formeraient aujourd'hui quelque hideux village? or comptez avec M. Fourier l'immense économie de matériaux, de terrain et de main-d'œuvre que vous gagnerez à la suppression des murs de clôture, haies vives et fossés de toutes ces propriétés morcelées; songez à l'économie de construction, gestion et manutention obtenue par la substitution des cave, magasin, grenier et cuisines UNITAIRES aux quatre cents cuisines, greniers, magasins et caves particulières; songez que le simple fait de l'association réduirait à peu près au dixième le nombre des employés nécessaires aux fonctions domestiques, et permettrait d'appliquer le surplus à d'autres travaux; pesez aussi l'extrême simplification de toute relation extérieure, comme vente et achat. Après tout cela, vous commencerez à sentir que M. Fourier pourrait bien avoir raison de vouloir construire pour l'association domestique *un palais*! Et puis, croyez-vous sérieusement que les huttes de la Basse-Bretagne, ou les caves de la rue de la Mortellerie à Paris, soient des habitations d'hommes? Non! *il ne se peut pas* que les uns demeurent ainsi épars dans de sales chaumières, isolés de tout secours, étrangers à tout mouvement social, aussi incultes de corps que d'intelligence; et les autres n'ont pas été faits non plus pour croupir entassés dans des rues infectes, manquant d'air et de lumière, ne connaissant l'eau et la terre que par la boue de leurs ruisseaux. Soyons donc plus confians à la Providence, ou plutôt sachons être justement exigeans envers elle ; car les maux de l'humanité ayant été sans mesure, il faut que sur elle enfin se lève un soleil de prospérités éclatantes. Ainsi ne repoussons pas les plus belles promesses ; ne les repoussons pas au moins, avant de les avoir sérieusement examinées.

D'ailleurs cette distribution du phalanstère, ou séjour de la phalange dont j'ai donné un simple aperçu, n'est pas seulement la plus favorable au régime hygiénique ; elle est une condition indispensable au complet établissement de l'harmonie passionnelle qui est l'objet principal de la théorie sociétaire. On verra en effet que cette harmonie repose sur une base qui est UNE : « La formation des séries passionnées et leur exercice en courtes séances. » Or la formation des séries suppose la concentration des habitations individuelles en un seul édifice pour que chacun soit à la portée des salles de réunion ; et l'exercice en courtes séances, produisant des déplacemens fréquens, nécessite aussi le luxe des communications abritées et tempérées, puisque sans cette précaution la santé des travailleurs serait constamment compromise dans tout le cours de la mauvaise saison. Il y a donc, entre le matériel et le passionnel, une corrélation parfaite qui produit l'*accord du bon et du beau*. Cet accord est un des caractères distinctifs de l'ordre sociétaire, par opposition à l'ordre subversif ou morcelé, dans lequel l'agréable et l'utile sont toujours séparés. Voyez-vous aujourd'hui une maison bien tenue, élégante, somptueuse ; vous pouvez dire : « Ceci est la demeure du plaisir ou de l'oisiveté, l'habitation du travailleur étant presque toujours au-dessous de la médiocrité. » Le luxe aujourd'hui n'a pas de résultat mieux constaté que de trancher plus profondément l'intervalle qui sépare les classes diverses de la société. Dans l'ordre harmonien, le luxe aura un effet tout contraire.

La concordance du matériel et du passionnel n'est pas moins remarquable dans l'ordonnance des cultures du ménage sociétaire que dans la distribution de ses édifices. J'ai fait voir, dans le premier article, que le travail en courtes séances avait le principal avantage de permettre à un même individu de prendre parti dans un grand nombre de groupes; d'où il résulte, comme bien individuel, le *développement intégral* des facultés; et comme bien collectif, l'absence de l'*égoïsme corporatif.* — Dans la théorie de M. Fourier, l'ordonnance des cultures vient corroborer l'effet du travail en courtes séances, en favorisant de nombreuses relations entre les séries, pendant la durée même de leurs occupations diverses. « Chaque série agricole s'efforce de jeter des rameaux sur divers points; elle engage des carreaux détachés dans tous les postes des séries dont le centre d'opérations se trouve éloigné du sien, et par suite de ce mélange, le canton se trouve parsemé de groupes; la scène y est animée, et le coup d'œil varié et pittoresque..... Mais cet engrenage des cultures, agréable sous le rapport du coup d'œil, tient encore plus à l'utile, à l'amalgame des passions et des intrigues.... Ces alliages ont pour but d'amener divers groupes sur un même terrain, et de laisser le moins que possible un groupe isolé dans ses travaux, quoique bornés à de courtes séances, etc.....» Il faut voir dans l'ouvrage même la description brillante de l'aspect que présentera la campagne ainsi cultivée et le charme que répandront sur les travaux les rencontres mutuelles des groupes de travailleurs. Sous le rapport simplement économique, M. Fourier fait remarquer qu'aujourd'hui le régime morcelé force le cultivateur à entasser vingt sortes de cultures dans un enclos étroit, et le prive de planter en verger et potager une foule d'expositions qui seraient favorables, mais qui, trop éloignées de son habitation, ne seraient point à l'abri du vol et de la dévastation : au lieu que, quand chaque canton sera cultivé *unitairement*, c'est-à-dire comme appartenant à un seul individu, on pourra, sans crainte d'aucun larcin, entremêler toutes espèces de cultures, comme graminées, fleurs, fruits et légumes, selon les convenances du terrain. Donc, ici encore, et c'est sur quoi j'insiste, il y a coïncidence des dispositions les plus favorables, soit à l'économie, soit à l'agrément, soit enfin au resserrement des liens de l'association. C'est par cette propriété constante que les *dispositions matérielles* du ménage sociétaire sont réellement d'une très-grande importance.

N'oublions pas qu'en exercice agricole chaque groupe a ses tentes mobiles pour se garantir des ardeurs du soleil : chaque série a son castel placé au centre de ses travaux pour y déposer ses habits et instrumens, y prendre les rafraîchissemens ou collations envoyés du phalanstère, etc. En un mot, tout est prévu, ordonné de manière à créer l'émulation, le charme, la variété, l'*attraction* dans toutes les opérations de culture. —Inutile de dire que la culture elle-même se trouve élevée à un degré de perfection tout-à-fait inespéré de nos jours. Car, à n'envisager qu'un détail minime de la pratique, l'ardeur des groupes ne leur laisse rien négliger, comme abritemént des jeunes pousses et fleurs contre les gelées matinales ou la trop grande chaleur du jour, etc. Si l'averse ou la grêle menacent, dévouement de toute la phalange, comme lorsqu'un bâtiment fait eau, et que tous, équipage et passagers, se mettent à la manœuvre. — Enfin chaque phalange a son jardin botanique, ses serres chaudes et fraîches, etc., toutes choses qu'aujourd'hui le propriétaire le plus riche ne peut créer et entretenir que sur une petite échelle et à grands frais, et qui, par le bienfait de l'association, seront de nouvelles sources de plaisir et de bénéfice.

Le soin des étables, de la basse-cour, du colombier, etc., n'ont pas moins d'importance que celui des végétaux. Là encore l'attraction s'établit en raison de l'élégance et de la propreté des édifices, s'établit par la division parcellaire du travail qui permet à chacun de ne s'occuper que du détail qui lui plaît, surtout par la coopération de sectaires *passionnés* pour le même travail : car aucun groupe n'admettrait un associé indifférent au succès général.

Enfin le ménage sociétaire ne s'applique pas seulement à l'agriculture. Indépendamment des travaux de forge, charonnage,

maçonnerie, etc. , qui se lient immédiatement à cet art, la phalange a plusieurs fabriques qu'elle tient en activité, principalement dans la mauvaise saison. C'est encore l'attraction des associés qui déterminera le choix de ces fabriques ; il importe qu'elles
soient de nature à occuper passionnément hommes, femmes et enfans ; car, si l'agriculture est occupation essentielle, ou, comme
dit M. Fourier, PIVOTALE du ménage sociétaire, c'est entre autres raisons parce qu'elle offre dans la grande variété de ses travaux un puissant attrait à tous les âges.

Lorsque l'organisation unitaire du globe sera établie, toute
phalange exercera en fabrique sur quelques produits exotiques,
ce qui aura l'avantage de l'unir particulièrement d'intérêt, et de
la mettre en correspondance directe avec quelques phalanges des
contrées les plus éloignées. Elle aura d'ailleurs de nombreuses
relations avec les phalanges vicinales, soit par l'échange des den-
rées, soit par coopération en travaux d'urgence, soit enfin par
la formation de cohortes cantonnales appliquées à des travaux
d'un intérêt commun ou qui exigent par leur nature un renfort
d'attraction. C'est ainsi que, pour la plupart des opérations d'industrie métallurgique, chaque phalange d'un même canton four-
nira dans le cours d'une campagne quelque cohorte à laquelle seront réservés de grands avantages. Ce serait peut-être ici le lieu
de donner une idée de l'organisation des armées industrielles
classées en divers degrés, selon que leurs travaux se rapportent
à l'intérêt général d'un canton, d'une province, d'un royaume,
etc., ou enfin à la culture intégrale du globe. Dès son premier
ouvrage (1808), M. Fourier donnait à cet égard de grands détails. Mais, dans la nécessité de me borner, je ne puis que ren-
voyer le lecteur au traité de 1822, dans lequel il trouvera les
vues les plus grandioses sur la restauration des climatures, le
reboisement des montagnes, l'attaque des déserts, etc. Ces vas-
tes opérations supposant l'établissement préalable de l'harmonie,
c'est-à-dire de l'association domestique agricole, c'est à quoi je
reviens ; et maintenant que nous avons donné un coup d'œil à

l'ensemble des dispositions matérielles, nous allons suivre l'auteur dans l'examen des questions les plus importantes de l'ordre passionnel.

DE L'ÉQUILIBRE PASSIONNEL.

Les moyens proposés par M. Fourier, pour établir l'harmonie des intérêts et maintenir la concorde générale, forment un ensemble systématique dont toutes les parties sont parfaitement enchaînées.

J'ai fait connaître dans mon précédent article le procédé de mécanisme sociétaire, procédé *un* et *universel* (la formation des séries passionnées), principe vraiment fécond à l'aide duquel M. Fourier attaque avec succès les difficultés les plus ardues, et dont l'emploi, n'ayant rien d'arbitraire, élève la théorie d'association au rang de SCIENCE FIXE.

Il y a ensuite plusieurs conditions essentielles à l'établissement de *l'unité* sociale, conditions faciles à remplir par l'application du régime sériaire à une réunion de trois ou quatre cents familles, et dont la réalisation comblera les vœux de tous les véritables philantropes. Entre ces conditions il faut mettre au premier rang : *l'attraction industrielle, le minimum intégral, l'éducation unitaire.*

(1°) J'ai déjà insisté sur l'importance de la première condition, sur la nécessité de créer *l'attraction industrielle.* Jusque là tout progrès réel vers l'association est impossible, puisque ceux que leur position plus heureuse dispensera de produire se borneront, aussi long-tems que le travail sera une *peine*, au rôle de *consommateurs.* On s'est beaucoup félicité d'avoir déraciné le préjugé qui subordonnait les intérêts de l'industrie aux intérêts de la guerre, et qui déconsidérait tout travail pacifique ; mais quel a été le sens de ce progrès ? c'est-à-dire de quelle façon les classes supérieures ont-elles pris part aux opérations de l'industrie ? Les a-t-on vues se mêler aux travaux du peuple, entrer dans ses ateliers et *apprendre de lui à travailler?* Nullement : elles se sont portées dans les entreprises industrielles non pas de leurs personnes, mais de leurs capitaux, laissant au peuple tout le soin de faire fructifier leur argent ; seulement elles se sont réservé quelquefois les emplois les plus agréables, comme direction et négociations. Ce vice avait été profondément senti par la doctrine saint-simonienne, puisqu'elle se récriait contre *l'oisiveté* des capitalistes ; mais les saint-simoniens étaient ignorans sur le moyen de faire disparaître l'oisiveté : les riches, dit M. Fourier, *auront raison d'aimer l'oisiveté aussi long-tems qu'on ne leur présentera qu'un travail répugnant par la monotonie des fonctions, la longueur des séances,* etc. Il y a plus : c'est que toute doctrine, comme toute mesure politique, qui aurait la prétention d'améliorer notablement le sort des masses sans transformer le travail en plaisir, serait sans autre résultat que de *pousser à l'oisiveté.* Cette observation de M. Fourier me paraît aller à la racine du mal. C'est qu'en effet, pour un travail répugnant, abrutissant, il n'y a de véhicules possibles que la faim et la misère, sinon les coups de fouet qu'on donne aux esclaves (1).

---

(1) M. Fourier remarque fort judicieusement qu'au-delà d'un certain degré l'élévation des salaires produirait dans le peuple qui chôme déjà le lundi un chômage de deux ou trois jours de la semaine, comme en Espagne. A quoi on ne manquera pas d'opposer les progrès du peuple par la propagation de *l'instruction primaire.* Sans doute l'instruction donne aux ouvriers des habitudes d'ordre et d'économie, ce n'est pas nous qui blâmerons les efforts qu'on fait pour la répandre ; mais l'*instruction éloigne le peuple du travail industriel.* Voici un fait récent qui prouve bien la vérité de cette assertion. Au commencement de la dernière session législative, M. Arago, proposant une réforme des écoles d'arts et métiers, se plaignait que les jeunes gens élevés dans ces écoles n'y puisent pas de goût pour les travaux de l'industrie. Il rapportait à ce sujet un dicton répandu dans les fabriques sur le compte des élèves de Châlons : *Ce sont des* MESSIEURS *qui ont peur de se salir les doigts!* Après cela que conclure ? Prétendra-t-on que des ouvriers doivent nécessairement se complaire dans la malpropreté, ou bien ne verra-t-on pas ici encore un des mille exemples du *cercle vicieux* dans lequel la société est engagée ; ne pouvant jamais mener de front deux perfectionnemens à la fois. Veut-elle perfectionner l'industrie ; elle abrutit l'industriel par la division du travail, ne sachant pas joindre à cette division l'exercice en courtes séances. Veut-elle perfectionner l'industriel ? Mais bientôt l'industriel répugne à l'industrie, *et il a raison !*

(2°) La possibilité de garantir au plus pauvre associé un *mi-nimum* décent de logement, vêtement, nourriture, et même de plaisirs, comme droit de chasse ou pêche, entrée aux théâtres, etc. Cette possibilité repose, comme je l'ai déjà fait voir, sur la création de l'industrie attrayante. Ce qu'il importe ici de reconnaître, c'est que la garantie du *minimum* est nécessaire à la fusion de toutes les classes. Elle fait disparaître jusqu'à la tentation de vol, qui d'ailleurs est impraticable dans une association où l'usage de l'objet dérobé serait impossible. Elle est un gage pour le riche que tous ses coopérateurs d'industrie sont de francs compagnons de plaisir, adonnés comme lui *par passion* au travail commun. Elle seule enfin peut procurer au peuple la véritable liberté; car tant que le peuple demeurera exposé à tomber dans l'indigence, il ne pourra pas choisir librement et par goût ses occupations; s'il a des droits politiques, il pourra bien les vendre, comme on fesait à Rome et comme on a souvent fait en Angleterre; en un mot il restera en proie à toutes les séductions dont le riche voudra l'entourer.

(3°) Quand on aurait rempli ces deux premières conditions (attraction industrielle et minimum gradué), l'association se-rait encore impossible, si la diversité de ton et de manière entre les classes extrêmes empêchait comme aujourd'hui leur fusion. L'*éducation unitaire*, c'est-à-dire donnée collectivement à tous, peut seule prévenir cet inconvénient. « La politesse gé-nérale et l'unité de langage, dit M. Fourier, ne peuvent s'éta-blir que par une éducation collective, qui donne à l'enfant pauvre le ton de l'enfant riche. Si l'harmonie avait, comme nous, des instituteurs de divers degrés pour les trois classes, riche, moyenne et pauvre, des académiciens pour les grands, des pédagogues pour les moyens, des magisters pour les pauvres, elle arriverait au même but que nous, à l'incompatibilité des classes et à la du-plicité de ton, qui serait grossier chez les pauvres, mesquin chez les bourgeois et raffiné chez les riches. Un tel effet serait gage de discorde générale : c'est donc le premier vice que doit

éviter la politique harmonienne ; elle s'en garantit par un système d'éducation qui est *un* pour la phalange et pour tout le
globe , et qui établit partout l'unité du bon ton. »

Au reste l'éducation a , dans la théorie dont nous essayons ici
de rendre compte, un caractère absolument neuf, et qui suffirait
pour séparer très-nettement l'ordre sociétaire de tout ce qu'on a
imaginé jusqu'ici. C'est ce qu'on sentira bientôt, si l'on veut
d'abord faire quelqu'attention aux principes sur lesquels M. Fourier établit *l'équilibre passionnel.*

Ayant posé cette conception fondamentale que *l'attraction passionnée* est la loi unique du mouvement universel, la loi unique
du mouvement social, il ne pouvait suffire à M. Fourier de faire
sortir du procédé d'association, qui doit donner essor à l'attraction, quelques brillans avantages, comme les trois conditions
générales que nous venons d'examiner. Il fallait encore, par un
exposé méthodique du mouvement, justifier l'attraction dans
tous ses effets (1). Sans doute il semble qu'à la première vue
des bienfaits de l'association, véritables merveilles dont je n'ai
pu donner qu'une très-faible idée, mais que M. Fourier a dé-
crites avec une puissance et une richesse d'imagination inépui-
sables ; il semble, dis-je, que pour réaliser tant de biens, chacun
serait disposé à faire autant que possible le sacrifice de ses passions, si, pour l'établissement et le maintien d'un si bel ordre,
ce sacrifice était nécessaire. Les philosophes et les moralistes ne
nous ont-ils pas appris que l'homme doit abandonner quelques-
uns de ses droits naturels pour jouir des avantages de la société ?
et si pareil principe a pu être enseigné et admis dans des sociétés
où le plus grand nombre n'a que la misère en partage, qui donc

---

(1) Ai-je besoin de rappeler qu'il ne s'agit aucunement de justifier les écarts
où l'homme est entraîné par ses passions dans l'ordre actuel? M. Fourier a pré-
venu, sous ce rapport, toute objection en admettant avec l'unité du mouvement
le principe de la *dualité d'essor*, et en reconnaissant très-explicitement que dans
l'essor subversif, dans le régime morcelé, la loi chrétienne qui ordonne à
l'homme de réprimer ses passions, est infiniment sage et supérieure à toute
autre.

ne s'efforcerait pas de le mettre en pratique pour procurer l'avènement d'un ordre de choses qui, par sa nature même, garantirait au moindre des hommes une existence heureuse et le développement intégral de toutes ses facultés. Mais la réalisation de l'ordre sociétaire n'exige aucune sorte de sacrifice, et ici il est facile de voir que M. Fourier domine dans tout son ensemble le vaste plan qu'il s'est tracé. Comme il a présenté d'abord une analyse régulière du système passionnel, il s'applique à montrer que, loin d'embarrasser le mouvement, chacune des passions devient un ressort essentiel du mécanisme, et fournit les plus puissans moyens de *ralliement* entre les classes et les âges qui paraissent aujourd'hui le plus naturellement antipathiques. — Et comme cette démonstration repose sur l'application constante d'un procédé fixe (l'ordonnance par série), on ne peut disconvenir que l'auteur avait raison d'annoncer en 1808 la découverte d'une nouvelle *science exacte*, la science du mouvement social.

Que les passions dites *sensitives* puissent devenir des gages d'harmonie, à proportion qu'elles seront plus développées et plus raffinées, c'est ce qui me paraît bien rigoureusement établi par tous les détails que donne M. Fourier sur l'organisation matérielle du Phalanstère. Quelle que soit, l'importance de ces objets, je ne puis que les indiquer pour attester la régularité de la théorie.

Cette régularité brille surtout dans le traité des *équilibres cardinaux*, ou *ralliemens passionnels* fournis par les quatre passions affectives. (*Traité d'assoc. dom. agr.*, t. II, p. 477.) Et c'est ici que nous allons nous trouver ramenés tout d'abord, et d'une façon très imprévue, à la question importante de l'éducation.

En effet, les quatre affectives n'exercent pas une influence égale sur tous les âges. L'enfant ignore l'amour et le familisme; l'ambition est peu développée en lui; en un mot sa véritable passion jusqu'à l'essor en puberté, c'est l'amitié. L'amour règne sur l'adolescence. Après vient l'ambition; et enfin le dernier âge concentre ses affections dans le cercle de la famille.

Il suit de là qu'un ordre social qui prétend trouver ses liens les plus forts dans les sentimens humains doit s'appuyer à la fois sur les quatre phases de la vie. — Et par exemple, puisque l'amitié est plus active dans l'enfance, puisqu'elle y est plus dégagée de tout intérêt personnel, l'enfance par cela seul devient aussi indispensable au mécanisme sociétaire que tout autre âge. En effet, l'intervention des enfans est dans l'association domestique agricole une des plus fortes garanties de l'harmonie générale ; mais arrêtons-nous un instant à cette première conséquence, savoir que dans la théorie de M. Fourier l'éducation doit naturellement se faire *au milieu du mouvement social*.

Ceci est capital et cette simple idée me paraît devoir constituer auprès de tout esprit sérieux une très-forte présomption en faveur de la *Théorie sociétaire*. Car quel plus beau témoignage pour un ordre social que d'être sans danger pour l'enfance ! bien plus, de s'appuyer sur les vertus d'un âge qui ne connaît encore que vérité, justice et dévouement !

Et combien un tel ordre de choses nous paraîtra-t-il désirable si nous faisons attention au sort de l'enfance dans les sociétés modernes. — Le *perfectionnement de l'industrie* permet à la civilisation d'employer les enfans du prolétaire ! la civilisation utilise les enfans du peuple ! voici comment : M. *Huskisson*, ministre du commerce disait, en propres termes à la chambre des communes, 28 février 1826 : « Nos fabriques de soierie emploient » des milliers d'enfans qu'on tient à l'attache depuis trois heures » du matin jusqu'à dix heures du soir : combien leur donne-t-on » par semaine ? Un schelling et demi (*trente-sept sous de France,* » environ *cinq sous et demi par jour*) pour être à l'attache *dix-* » *neuf heures*, surveillés par des contre-maîtres munis d'un » fouet, dont ils frappent tout enfant qui s'arrête un instant. » — Et ne croyez pas que des améliorations réelles aient été apportées à un si horrible régime : naguère encore un journal quotidien (*le Tems*) racontait l'affreuse destinée des femmes et des enfans dans les fabriques de l'Angleterre, et il reconnaissait hautement que l'organisation actuelle de l'industrie maintient de fait l'ESCLAVAGE au milieu des sociétés civilisées. — Mais, s'écrie-t-on, encore une ou deux révolutions comme celle de juillet, et nous pourrons garantir à tous les enfans l'*instruction primaire*! on rouvrira les écoles centrales, etc. — A la bonne heure. Je sais tout le bon désir et le dévouement de ceux qui font de pareils projets, c'est pourquoi je suis assuré qu'il seront saisis d'un vif enthousiasme en voyant dans le livre de M. Fourier comment, par le simple fait de l'association en travaux domestiques agricoles, il est possible *premièrement de nourrir les pères*, et ensuite de procurer à tous les enfans une instruction complète, une ÉDUCATION INTÉGRALE, une éducation formant à la fois le cœur, le corps et l'intelligence, en un mot, une éducation supérieure à celle des plus hautes classes de la société actuelle, puisque le plus simple phalanstère substitué à quelque misérable village unira tous les exemples de la pratique aux enseignemens de la théorie, possédant avec les fabriques et les cultures les plus variées toutes les ressources de la science, comme bibliothèque, observatoire, cabinet de physique et chimie, collections d'histoire naturelle, etc. (1).

Toutes ces choses que j'indique ici d'une manière générale sont exposées dans le livre de M. Fourier avec le plus grand détail. L'éducation y est traitée complètement : rien ne reste dans le vague : tout est précisé de manière à ne laisser aucun doute sur la possibilité de réaliser de si belles promesses. Je me borne à annoncer que l'enfance fournit par son intervention dans les opérations du ménage sociétaire un des plus beaux liens de l'association, un des plus forts *ralliemens*.

Les ralliemens passionnels sont soumis, comme tous les détails de la théorie d'association, à des règles fixes. M. Fourier montre

---

(1) Ce qui n'exclut pas l'avantage des capitales de provinces et d'empires où les sujets les plus distingués iront se perfectionner aux leçons des professeurs célèbres. Mais il s'agit seulement dans toute cette analyse du *simple ménage*.

qu'en harmonie chacune des affectives produit quatre ralliemens distincts, et il pose en principe que

Chaque équilibre d'amitié, d'amour, d'ambition, de familisme, dépend du concours interne de ses quatre ressorts, et du concours externe des trois autres ralliemens, équilibrés de la même manière à quadruple ressort.

L'intervention combinée de ces quatre quadrilles d'accords produit l'équilibre pivotal ou unitaire, but collectif de l'association.

Il m'est impossible d'entrer dans le détail des ralliemens d'amitié, non plus que dans les ralliemens fournis par les trois autres affectives. Il suffit en effet que je mette le lecteur à même d'apprécier l'ensemble du système social de M. Fourier; seulement je place en note (1) quelques citations relatives à ces rallie-

---

(1) AMBITION. « Nous sommes à la plus redoutable de toutes les passions, à celle qui est spécialement chargée des malédictions de la philosophie. Quel dommage qu'à l'époque où Dieu créa les mondes et les passions, il ne se soit pas trouvé près de lui un philosophe pour lui dire : « Éternel, veux-tu savamment équilibrer » l'univers, selon le vœu de la saine morale? Crée des mondes sans ambition, des » mondes où les hommes méprisent toutes les richesses, et n'aiment que le brouet » noir, et les abstractions métaphysiques. Voilà les sentiers du vrai bonheur dé- » gagé d'ambition; voilà, Éternel, comment tu dois organiser les mondes, pour » te rendre digne du beau nom de créateur philosophe. » Il est probable que Dieu aurait obtempéré à ces sages conseils, et qu'il nous aurait créés tous ennemis de l'ambition, dédaignant les grandeurs, etc... Mais puisque Dieu, dans ses créations, n'a pas été assisté des lumières de la philosophie, et qu'il nous a irrévocablement assujétis à l'ambition, consentons à étudier les méthodes qu'il a adoptées, pour faire de cette passion un levier de haute harmonie sociale. »

» Accorder tous les humains par l'entremise de cette ambition qui les pousse aujourd'hui à tant de perfidies et de fureurs! La tâche va sembler effrayante, et nous aurons à ce sujet un principe fort neuf à établir; c'est que les hommes civilisés, même les plus insatiables de pouvoir, n'ont pas le quart de l'ambition nécessaire en harmonie sociale. » (T. 11. par 179).

AMOUR. » La passion la plus rebelle aux systèmes des moralistes, l'amour, va figurer parmi nos jeunes tribus parvenus à quinze ou seize ans et passant aux chœurs de jouvencelat. Comment les ployer, en affaire d'amour, aux convenances d'harmonie sociale; comment les y façonner PAR ATTRACTION; faire que le monde galant, que la fougueuse jeunesse, dégagée du frein des lois, se rallie de son plein gré aux mesures d'unité sociétaire et de concorde générale?

mens, citations qui prouveront assez que, malgré l'apparente difficulté de son sujet, l'auteur en reste toujours maître.

Équilibre unitaire ou pivotal. M. Fourier appelle ainsi *l'accord passionné* en répartition des bénéfices. Cette opération est de la première importance ; c'est de son succès que dépend le

---

» Dans le cours des notices qui précèdent, j'ai réfuté les systèmes d'éducation qui ne savent utiliser aucune des impulsions naturelles de l'enfance. Ici leurs auteurs pourront espérer de prendre leur revanche. « Voyons, diront-ils, comment
» vos théories, en émancipant de bonne heure les jeunes filles, pourront les garantir
» de donner dans le travers. Vous prétendez utiliser toute impulsion naturelle.
» Nous vous prenons au mot. Dites-nous comment les jouvencelles de la pha-
» lange, libres d'obéir aveuglément à l'attraction, pourront tenir une conduite sa-
» tisfaisante pour les pères, et conforme au maintien de la morale publique.
» Surtout point de faux-fuyans, point d'escobarderie. Tenez en plein votre
» parole d'harmoniser toutes les passions par la seule attraction. En voici une des
» plus rétives : l'amour, surtout dans le jeune âge, ne se concilie guère avec les
» vues de la société (de la société civilisée ou barbare). Metez en jeu vos savans
» contre-poids de séries composées et bi-composées, et sans user d'aucune con-
» trainte, sachez amener l'amour libre à une pleine coïncidence avec les deux au-
» torités administrative et paternelle, en tout ce qui touche à l'intérêt et aux
» mœurs. — Si vous échouez sur ce problème, trouvez bon qu'on ne croie pas à
» la possibilité de vos équilibres précédens, et que d'avance on révoque en doute
» ceux que vous annoncez pour les sections suivantes. »—C'est convenu, j'accepte
le défi sans aucune réserve, quelque rigoureuses que paraissent les conditions.
Préalablement jetons un coup d'œil sur les prouesses de notre législation en pareille matière, etc... (T. 11. p. 290.)

Familisme. «Un des effets à obtenir en ralliement de paternité est la franche affection de l'héritier, le désir sincère de prolonger la carrière du donateur. Il n'est guère en civilisation de côté plus dégoûtant que les sentimens secrets des légataires pour leurs bienfaiteurs. L'état actuel met aux prises *l'affection* et *l'intérêt* ; il est clair que les $^9/_{10}$ des héritiers n'écouteront que la voix de l'intérêt et souhaiteront un prompt départ à celui dont ils attendent l'hoirie. D'autre part la civilisation habitue chaque père à oublier tout sentiment de philantropie et de charité pour établir sa lignée directe, ne voir le monde social que dans cette réunion d'enfans, et souvent dans un aîné à qui l'on immole les cadets et les filles... Le ralliement familial doit remédier à cette double dépravation des pères et des enfans ; le problème est : *d'établir entre les testateurs et les légataires, soit consanguins, soit adoptifs, une affection assez vive pour que l'héritier désire prolonger la vie du testateur qu'il est aujourd'hui si impatient de conduire au monument.* » (*Nouveau Monde*, p. 393.)

maintien de l'association ; car jamais association n'a duré lorsque les associés ne tombaient pas d'accord sur l'attribution des dividendes.

Jusqu'ici, dit M. Fourier, on n'a su rétribuer que proportionnellement au capital, ce qui est très-facile et n'exige que la connaissance de la plus simple arithmétique. Mais trouver un procédé de répartition applicable au talent et au travail et qui soit de nature à satisfaire les intéressés, comme l'application de la *règle de trois* satisfait des actionnaires capitalistes, ceci paraît d'abord au-dessus de la puissance humaine.

Dans les associations qu'on a tentées ou proposées jusqu'à ce jour, on n'a connu que deux moyens de rétribuer le travail et le talent : ou l'égal partage des bénéfices selon le principe de la communauté de biens ; ou la dispensation par les supérieurs et chefs de la société, considérés comme *les plus capables*.

Relativement à l'égal partage, tout le monde convient que rien n'est plus incompatible avec la justice et la véritable liberté qu'une telle sorte d'*égalité*. Ce premier procédé esquive donc la difficulté du problème et ne le résout pas. — Quant à la dispensation par les supérieurs, c'est le principe de l'autorité catholique mis en action. Les saint-simoniens voulant qu'il fût donné *à chacun selon ses œuvres*, ne surent, faute de génie, qu'emprunter au passé cette seconde solution ; et comme il fallait à tout prix sortir de la loi brutale du salaire que le maître *impose* à l'ouvrier, ou que l'ouvrier *arrache* au maître, ceux-là seuls auraient pu sur ce point, comme sur beaucoup d'autres, condamner le saint-simonisme, qui auraient proposé quelque chose de mieux.

Dans le problème de la répartition, ainsi que dans toutes les autres questions, M. Fourier est absolument en dehors de toutes les voies communes ; mais ici, comme toujours, il est fidèle à sa *boussole sociale* : l'attraction passionnée, fidèle à sa méthode : l'association par groupes et séries de groupes.

« En fait de principes, dit-il, ma théorie est UNE, et invariable dans tous les cas ; quelque problème qui se présente sur l'accord des passions, je donne toujours LA MÊME SOLUTION ; former des séries de groupes libres, les développer selon les trois règles d'*échelle compacte ; exercice parcellaire et courtes séances*, afin de donner cours aux trois passions, CABALISTE, COMPOSITE et PAPILLONNE, qui doivent diriger toute série passionnée. » (*Nouveau Monde*, p. 278.)

Et, en effet, cette simple disposition suffit pour prévenir tout conflit en matière d'intérêt. Mais, avant d'exposer les principales règles de l'équilibre en répartition, il faut dire quelques mots sur la nature de l'autorité administrative dans le phalanstère, cette matière ayant un rapport direct avec celle qui nous occupe.

Il y a en association un grand nombre d'emplois lucratifs et honorifiques ; c'est le seul moyen de satisfaire l'ambit:on : mais il n'y a pas, à proprement parler, d'autorité dans le sens où ce mot a été entendu jusqu'ici, c'est-à-dire que nul individu ou réunion d'individus n'a le droit d'imposer ses volontés à d'autres. Ici la *déférence* doit être libre et passionnée, c'est le règne absolu de la LIBERTÉ (1).

____

(1) Je crois utile de rapporter le passage suivant, qui montre nettement la manière dont M. Fourier envisage cette importante question du pouvoir et de la liberté : « Ici vous devez remarquer une différence entre la manière dont nous posons la question de hiérarchie et la manière dont les saint-simoniens l'ont posée. Je reconnais avoir fait un grand progrès, en changeant les termes du problème. Il ne s'agit plus de *concilier* l'autorité et la liberté ; la conciliation n'est pas autre chose que la confiscation de la liberté du gouverné, au profit de la liberté du gouvernant-conciliateur. Or, pour qui comprend ainsi les choses, il faut, ou retourner aux voies et moyens de l'autorité ancienne, ou continuer dans la voie du siècle, et pousser plus avant nos désirs et nos méditations sur la liberté. L'AUTORITÉ OU LA LIBERTÉ, voilà deux termes entre lesquels nous avons à choisir ; aujourd'hui le choix en fait pour la liberté... Sur toute la surface de la terre, les peuples demandent la liberté ; nulle part ils ne l'ont obtenue ni ne l'obtiendront *avec les moyens connus*, etc... (*Exposition du système social de Ch. Fourier, par Jules Lechevalier*, t. 1. p. 201). Cet ouvrage se trouve chez Paulin, place de la Bourse, et au bureau du *Phalanstère*.

Dans le phalanstère, dans la province ou l'empire, les fonctions d'administration seront presque toutes électives. Mais le système d'élections aura perdu toutes les absurdités qu'on lui reproche justement aujourd'hui; car premièrement le titre électoral reposera toujours sur la capacité de l'électeur, étant toujours relatif à sa fonction. En d'autres termes, chacun sera appelé à nommer le chef des groupes auxquels il appartiendra, les chefs de sa série, de son phalanstère, et ainsi de suite en s'élevant dans l'ordre politique; mais nul n'aura voix délibérative dans un groupe, ou série, ou phalanstère, etc., dans lesquels il n'aurait pas d'emploi : de plus le droit électoral *sera proportionnel à la capacité*, parce que le nombre de voix de chacun dépendra du nombre de groupes et séries dont il sera membre : l'électeur sera donc toujours compétent dans ses choix, et la puissance élective, si l'on veut bien me passer cette expression, se trouvera exactement graduée selon le mérite réel des individus.

Les autorités ainsi *constituées* par élection n'exercent jamais qu'un pouvoir d'*opinion*. Dans le ménage sociétaire, par exemple, « l'aréopage n'a point de statuts à faire ni à maintenir, tout étant réglé par l'attraction, et par les esprits de corps des tribus, des chœurs, des séries. Il prononce sur les affaires importantes, moisson, vendange, constructions, etc. Ses avis sont accueillis passionnément comme boussole d'industrie, mais ils ne sont pas obligatoires : *un groupe serait libre de différer sa récolte, malgré l'avis de l'aréopage.* » (*Nouveau Monde*, p. 134)

Quelque bizarre que puisse sembler ce résultat, qu'on fasse bien attention avant de le repousser qu'il n'y a pas de milieu entre un pareil mode d'exercice du pouvoir, et celui qui s'appuierait sur la contrainte et ainsi détruirait la liberté. — Craindrait-on d'ailleurs que, par caprice ou entêtement, une série pût compromettre les intérêts de la phalange? Mais c'est cela précisément qui est impossible! Car les membres d'une série étant chacun affiliés à une trentaine au moins d'autres séries ne seront ja-

mais tentés de sacrifier l'intérêt général à un intérêt corporatif (1).
Telle est entre mille un desavantages du travail *en courtes séances*, idée vraiment belle, vraiment féconde qui suffirait pour changer la condition de l'humanité, et qui, une fois admise, apporte à sa suite et rend faciles les brillantes promesses de la théorie sociétaire.

Voici enfin ce qui achève de caractériser le système d'association de M. Fourier, ce qui garantit la véritable indépendance individuelle de tous les associés : « *L'aréopage de la phalange n'a aucune influence sur l'opération principale qui est la répartition des dividendes en triples lots proportionnels au capital, au travail et au talent. C'est l'attraction seule qui est arbitre de justice dans cette affaire.* » (*Nouveau Monde*, p. 134.)

Or, quels sont les vœux de l'attraction en pareille matière? — Ici, comme en tout autre effet de mouvement, l'essor de l'attraction se dualise ; il est direct et inverse; il tend au bien-être individuel et au bien-être collectif; il produit la *cupidité* et la *générosité*. C'est l'emploi de ces deux ressorts se contre-balançant mutuellement qui assure l'équilibre en répartition.

M. Fourier montre d'abord que le charme de la vie sociétaire produira des *accords intentionnels* très-puissans. « En combinant avec toutes les jouissances de la vie matérielle l'absence de soins dont les pères et mères seront délivrés ; le contentement des pères dégagés des frais de ménage, éducation et dotation; le contentement des femmes délivrées de l'ennuyeux ménage sans argent ; le contentement des enfans abandonnés à l'attraction, excités aux raffinemens de plaisir, même en gourmandise ; enfin le contentement des riches, tant sur l'accroissement de la fortune que sur la disparition de tous les risques et piéges dont un civilisé opulent est entouré ; il est aisé de pressentir que la phalange

---

(1) C'est aussi l'art d'unir d'intérêts chaque phalange avec un grand nombre de phalanges vicinales ou éloignées qui garantira la déférence de chacune d'elles aux décisions de l'administration centrale de la province.

d'essai n'aura, dès le premier mois, d'autre sollicitude que de maintenir un si bel ordre, et sachant que son maintien va dépendre uniquement de l'accord en répartition, elle s'inquiétera des moyens d'opérer cet accord dont on doutera pendant le cours de la première campagne, parce qu'on ne l'aura pas encore vu, la répartition ne pouvant se faire qu'en janvier ou février, après la clôture de l'inventaire. — On verra donc les séries, les groupes, les individus, se concerter sur cet accord, prendre à l'envi les résolutions les plus généreuses, l'engagement à des sacrifices pécuniaires *qui ne seront pas nécessaires :* chacun luttera de dévouement *intentionnel* et de résolutions désintéressées. Chacun, à l'idée de retomber en civilisation, sera effrayé comme à l'idée de tomber dans les brasiers de l'enfer, etc. Dès-lors le vœu d'unité, l'accord intentionnel sur le maintien de l'unité s'élèvera au plus haut degré. » (*Nouveau Monde*, p. 523.)

De plus, le développement des passions affectives et les ralliemens qui en proviennent et dont j'ai donné les principes feront naître une générosité réelle entre les diverses classes de l'association. M. Fourier montre avec détail l'emploi régulier de ce sentiment et sa puissance pour produire l'harmonie en répartition de bénéfices. Et ensuite il s'applique à faire voir comment le désir de gain personnel, la cupidité qui produit des effets si odieux dans le régime morcelé, coïncide ici avec les intérêts de la justice et de la vérité. Entrons un peu dans l'étude de ce mécanisme.

Le dividende affecté à chaque série n'est pas déterminé par la quantité de ses produits : cette méthode serait complétement fautive dans un ordre de choses où le travail est libre et attrayant. Les séries sont classées en ordre de *nécessité, d'utilité* et *d'agrément,* et chacune de ces classes est elle-même subdivisée en divers degrés. Le lot qui échoit à chacune dépend du rang qu'elle occupe dans cette classification, et il est pris sur l'ensemble des richesses de toute la phalange. Il pourra donc arriver qu'une série appliquée à un travail très-productif comme la culture des fruits soit moins rétribuée que la série qui s'est chargée de soigner les petits enfans, si on juge que ce dernier genre de travail ait par lui-même moins d'attrait, qu'il soit plus nécessaire au maintien de l'unité sociétaire, etc. Cette classification des séries est très-délicate et pourrait donner lieu à de graves méprises que M. Fourier s'attache à prévenir. En la supposant bien régulièrement établie, il arrive que chaque individu est directement et pour son avantage personnel intéressé à ce que nulle série ne soit lésée dans ses droits.

Chaque individu en effet se trouve, par la nature du *procédé sociétaire*, engagé dans un grand nombre de séries. Or, s'il y a fausse estimation du mérite réel de chaque série, il sera lésé d'abord sur les dividendes à recueillir dans les séries où il excelle, et où il a droit aux plus fortes parts ; en outre il sera piqué de voir leur travail et le sien mal appréciés. A la vérité, cette injustice pourrait favoriser les séries dans lesquelles il est subalterne ; mais là se trouvant rétribué de faibles lots, il ne serait pas compensé des réductions à éprouver sur celles où il obtient des lots supérieurs ; d'autre part il ne veut pas qu'on ravale ces séries où il est subalterne, mais où son penchant l'a enrôlé récemment ; il estime et protége leur industrie, il les soutient par amitié cabalistique et par amour-propre. Quant aux séries où il est sectaire de moyen rang, obtenant des lots moyens, il convient à ses intérêts qu'elles aient ce qui leur est dû, sans empiéter sur les deux catégories dans lesquelles il est supérieur ou inférieur. — Sous tous les rapports, il se trouve donc entraîné à vouloir l'exacte justice en répartition ; elle est l'unique moyen de satisfaire à la fois son intérêt, son amour-propre et ses affections. » (*Nouveau Monde*, p. 368.)

Si malgré ces considérations on craint encore que chaque individu soit tenté de favoriser les séries dans lesquelles il a droit à des lots considérables, il suffira, pour faire disparaître à cet égard toute difficulté, de remarquer que ces séries seront nécessairement réparties dans les trois ordres *nécessité*, *utilité* et *agrément*. « Or, s'il réussit à faire dominer la faveur, il ne pourrait pas l'étendre aux trois ordres de nécessité, utilité, agrément, mais seulement à l'un des trois ; dès lors obtenant du gain sur les séries d'un des trois ordres, il perdrait d'autant sur les autres, et n'aurait donc aucun bénéfice sur l'ensemble ; il ne recueillerait de cette injustice que le déshonneur, la défiance générale et la perte de tous les suffrages pour divers emplois lucratifs qui sont très-nombreux en harmonie, etc. Ainsi, s'écrie M. Fourier, dans l'état sociétaire l'injustice tourne toujours au détriment de son auteur... Le régime des séries passionnées est un mécanisme qui *sue la justice,* etc. » (Id., id.)

Je regrette de ne pouvoir qu'effleurer des objets si importans auxquels l'auteur a consacré de longs chapitres : tenons-nous seulement à la propriété fondamentale du mécanisme de répartition entre les séries, propriété qui se formule ainsi : *absorber la cupidité individuelle dans les intérêts collectifs de chaque série et de la phalange entière, et absorber les prétentions collectives de chaque série par les intérêts individuels de chaque sectaire dans une foule d'autres séries.*

Et croyez-vous que M. Fourier s'arrête ici ! Mais vous voyez bien que le problème n'est pas encore résolu : il faut maintenant que le dividende attribué à chaque série soit distribué entre ses groupes, et des groupes aux individus. Pour la répartition aux groupes il suffit d'établir entre les groupes qui forment chaque série une classification analogue à celle des séries qui composent la phalange : mais pour ce qui regarde le partage entre les sectaires de chaque groupe, il faut faire usage d'un autre principe non moins important que la division des séries en trois ordres. C'est que la rétribution individuelle doit être basée sur les trois facultés industrielles : TRAVAIL, TALENT et CAPITAL.

Mais ici, avant de dire comment le talent pourra être apprécié ; comment on tiendra compte du travail, selon la fatigue, le nombre et la durée des exercices ; dans quelle proportion relative on rétribuera les trois facultés, etc. ; que de questions surgissent qui sont d'une importance capitale et qu'il faudrait d'abord examiner sous toutes leurs faces !

Et pour n'en citer qu'une des plus saillantes, ne faudrait-il pas montrer avant tout que la rétribution au capital qui, dans le régime morcelé, favorise l'oisiveté du prêteur, et se résume presque toujours en une odieuse usure au détriment du travailleur ; que cette rétribution devient dans l'ordre sociétaire un des plus forts stimulans du travail, un des gages les plus assurés de l'harmonie?... Mais je m'arrête, car je sens que l'immensité du sujet déborde les limites que je dois m'imposer dans une simple analyse.

Si je suis parvenu seulement à faire sentir que la théorie de M. Fourier forme un ensemble, un tout complet dont il est impossible de rien détacher ; surtout si j'ai inspiré au lecteur le désir de connaître par lui-même un ordre d'idées entièrement neuf et qui paraît répondre aux plus pressans besoins de l'humanité, j'aurai atteint le but que je m'étais donné.

Mais si, tout en bornant ma tâche à l'explication de la constitution du *ménage*, c'est-à-dire du plus simple élément de la société, je n'ai pu qu'indiquer les méthodes générales suivies par M. Fourier, que pensera-t-on de cette œuvre qui embrasse les plus hautes questions que l'esprit humain se soit jamais posées ; qui traite des destinées passées et futures de l'individu ; qui rattache à des lois précises le développement successif de l'humanité ; qui montre, en s'appuyant sur des raisonnemens rigoureux, les modifications merveilleuses que par la culture unitaire l'homme aura puissance d'imprimer aux habitudes de sa planète ; qui vient toucher enfin au problème universel, au problème de l'apparition et de la disparition de la vie à la surface du globe, ébauchant à grands traits une théorie des créations passées et à venir !

Devant cette œuvre immense, je m'efforce de contenir l'expression de mon opinion personnelle ; car lorsqu'il s'agit des intérêts de l'humanité entière, qu'importe un témoignage obscur et individuel? Mais voyant que tant d'idées neuves et fécondes ont été sommairement livrées au public, il y a VINGT-QUATRE ANS! qu'elles sont exposées en détail et systématiquement depuis DIX ᴀɴs ! et que pendant cette longue période l'auteur est demeuré méconnu de ses contemporains (1), je ne pense pas pouvoir mieux terminer qu'en livrant aux méditations du lecteur ces paroles remarquables que M. Fourier écrivait en 1808 : « Lorsque j'apporte l'invention qui va délivrer le genre humain du chaos civilisé, barbare et sauvage, lui assurer plus de bonheur qu'il n'en eût osé souhaiter, et lui ouvrir tout le domaine de la nature d'où il se croyait à jamais exclu la multitude ne manquera pas de m'accuser de charlatanerie, et les hommes sages croiront user de modération, en me traitant seulement de visionnaire.... Christophe Colomb fut ridiculisé, honni, excommunié pendant sept ans pour avoir annoncé un nouveau monde continental ; ne dois-je pas m'attendre aux mêmes disgrâces, en annonçant un nouveau monde social ? On ne heurte pas impunément toutes les opinions ; et la philosophie qui règne sur le dix-neuvième siècle élèvera contre moi plus de préjugés que la superstition n'en éleva au quatorzième siècle contre Colomb. » (*Théorie des quatre mouvemens*. Disc. prélimin., p. 35 et 38.)

---

(1) M. Just Muiron, de Besançon, a été pendant long-tems le seul disciple de M. Fourier. Il a fait paraître, en 1824, un *Traité sur les procédés industriels*, dans lequel il compare le procédé morcelé au procédé sociétaire. Il publie en ce moment un nouvel ouvrage, *Transactions sociales, religieuses et scientifiques* de Vɪʀᴛᴏᴍɴɪᴜs, dans lequel il explique l'opposition de caractère et de formes que *la religion*, *la science* et *la loi* doivent revêtir, suivant que l'humanité s'organise conformément ou contrairement à ses destinées providentielles. Ces ouvrages se trouvent chez Bossange père, rue de Richelieu, n. 30; chez Paulin, place de la Bourse, et au bureau du *Phalanstère*, rue Joquelet, n° 5, derrière la Bourse.

FIN.

EVERAT, imprimeur, rue-du-Cadran, N. 16.